MUSKELPROBLEME bei Pferden lösen

Triggerpunktmassage
Mit einfachen Techniken
zum Erfolg

RENATE ETTL

MUSKELPROBLEME bei Pferden lösen

Triggerpunktmassage
Mit einfachen Techniken zum Erfolg

Haftungsausschluss

Autorin und Verlag haben den Inhalt dieses Buches mit großer Sorgfalt und nach bestem Wissen und Gewissen zusammengestellt. Für eventuelle Schäden an Mensch und Tier, die als Folge von Handlungen und/oder gefassten Beschlüssen aufgrund der gegebenen Informationen entstehen, kann dennoch keine Haftung übernommen werden.

Gestaltung und Satz: Crystal Verlag, Wentorf
Titelfoto: Peter Ettl
Lektorat: Martina Kiss
Druck: Westermann Druck, Zwickau

Deutsche Nationalbibliothek – CIP-Einheitsaufnahme
Die Deutsche Nationalbibliothek verzeichnet diese Publikation in der Deutschen Nationalbibliografie; detaillierte bibliografische Daten sind im Internet über http://dnb.ddb.de abrufbar.

Printed in Germany
ISBN: 978-3-95847-008-8

INHALT

VORWORT

Gesunde, athletische und leistungsfähige Pferde – welcher Pferdebesitzer wünscht sich das nicht? Die Realität jedoch sieht oft anders aus: Obwohl die meisten Pferde regelmäßig unter dem Sattel trainiert werden, sehen sie nicht wie Athleten aus. Die Muskulatur ist zu schwach oder unregelmäßig ausgeprägt, die Bewegungen unkoordiniert und der Arbeitswille des Vierbeiners lässt ebenfalls zu wünschen übrig. Mit Sporen und Gerte wird schließlich versucht, das Pferd zu mehr Leistungsbereitschaft zu motivieren. Oft genug bleibt es bei diesem Versuch.

Die Ursachenfindung erstickt im Keim, die Begründung der Misere lautet schließlich: „Der ist halt ein wenig faul." Im Prinzip gibt es jedoch keine faulen Pferde, dies würde dem Naturell der Fluchttiere widersprechen. Wollen sich die Vierbeiner nicht gern bewegen, steckt meist weder Unwille noch Faulheit dahinter. Vielmehr können die Pferde die geforderte Leistung nicht abrufen. Die Ursachen sind vielfältig, dennoch ist es offenkundig, dass muskuläre und artikuläre Einschränkungen häufig der Grund für vermindertes Bewegungsverhalten sind. Hier hilft zunächst ein guter Osteopath oder Physiotherapeut weiter.

Seriöse Pferdetherapeuten untersuchen und behandeln sowohl die Weichgewebe als auch die Gelenke des Pferdes. Dabei haben erfahrungsgemäß mehr als 80 Prozent der gefundenen Blockierungen einen muskulären Hintergrund. Die Behandlung der Muskulatur des Pferdes hat deshalb oberste Priorität.

Der Therapeut kennt verschiedene Wege, eine verspannte Muskulatur zu behandeln. Neben der klassischen Massage gibt es ein spezielles System, das einfach, aber höchst effizient ist, sodass auch jeder Pferdebesitzer es anwenden kann. In der Humanmedizin ist es als Triggerpunkttherapie bekannt und mit weiteren Synonymen belegt wie Stresspunktmassage oder Osteopraktik. Die Triggerpunkttherapie lässt sich auch auf Pferde übertragen. Im Laufe meiner langjährigen Tätigkeit als Pferdeosteopathin und -chiropraktikerin habe ich ein spezielles Triggerpunkt-Behandlungssystem für Pferde entwickelt, das auf die Anwendung durch den Pferdebesitzer zugeschnitten ist. Mit etwas Einfühlungsvermögen bedarf es somit keinen großen Aufwand, die Methode zu erlernen und richtig anzuwenden.

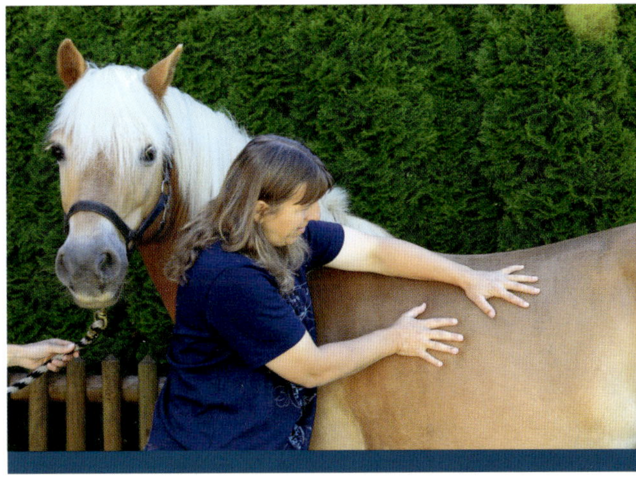

Die Behandlung der Muskulatur ist bei seriösen Pferdetherapeuten ein wichtiger Bestandteil ihrer Arbeit, da mehr als 80 Prozent der Probleme im Bewegungsapparat einen muskulären Hintergrund haben.

Das Triggerpunkt-Behandlungssystem beinhaltet mehrere Behandlungsstufen, die für eine umfassende und vor allem nachhaltige Therapie von entscheidender Bedeutung sind. Diese Behandlungsstufen sind so aufbereitet, dass sie von jedem Pferdebesitzer, der in der Regel keine medizinische Vorbildung hat, angewendet werden können, ohne seinem Pferd zu schaden, wenn er die angegebenen Kontraindikationen und Vorsichtsmaßnahmen beachtet. Damit wird das System für jeden nachvollziehbar und der Pferdebesitzer kann seinem Pferd ohne großen Aufwand helfen, Muskelverspannungen loszuwerden, Schmerzen zu lindern und den Bewegungsumfang zu verbessern.

Renate Ettl

1

ANATOMISCHES BASISWISSEN

1.1 Die Muskulatur des Pferdes

Bevor man die Muskeln des Pferdes behandeln kann, ist ein gewisses Grundwissen hierüber notwendig. Das theoretische Wissen um die Muskeln und Muskelfunktionen des Pferdes erleichtert dem Pferdebesitzer, sich in das Pferd und speziell in die muskulären Strukturen hineinzufühlen. Die Entwicklung des Gefühls ist die wichtigste Voraussetzung, um mit lebendem

Gewebe arbeiten zu können. Die Muskulatur des Pferdes ist nicht direkt zu ertasten, immer liegen verschiedene andere Schichten zwischen der menschlichen Hand und dem Muskel des Pferdes. Der Pferdebesitzer muss deshalb lernen, durch diese Strukturen wie Fell, Haut, Unterhautfettgewebe, Faszien und Blutgefäße hindurchzufühlen. Dies erfordert zunächst einen „Imageplan", eine Vorstellung von den jeweiligen Strukturen, die ihm auf dem Weg zum Muskel begegnen. Ein Blick in den einen oder anderen Anatomieatlas über Pferde kann daher nicht schaden. Eine bildliche Vorstellung der einzelnen Strukturen und ganz besonders der Muskulatur selbst erleichtert die Arbeit mit dem Gewebe – sie macht sie erst wirklich möglich.

MERKE

Die Entwicklung des Gefühls und die mentale Vorstellung der Strukturen sind die wichtigsten Voraussetzungen, um mit dem Gewebe arbeiten zu können.

Die Ursachen für Muskelprobleme sind vielfältig und liegen nicht selten auch in einer ungünstigen Haltungsform.

Wie bereits eingangs erwähnt, ist eine Bewegungseinschränkung zu mindestens 80 Prozent muskulär bedingt. Das bedeutet im Umkehrschluss, dass die Behandlung der Muskulatur die meisten körperlichen Probleme des Pferdes lösen kann.

Bei vielen Erkrankungen reagiert die Muskulatur mit. Sie erhöht den Tonus, um mithilfe einer Schonhaltung Schmerzen oder Unwohlsein zu minimieren. Verletzungen und körperliche Gebrechen hängen in der Regel mit Schmerzen zusammen. In der Folge davon spannt sich die Muskulatur an. Der Körper versucht mithilfe der dadurch eingenommenen Schonhaltung, die Schmerzen zu kompensieren.

Selbst nach längst überstandener Verletzung oder Erkrankung bleibt in vielen Fällen der erhöhte Muskeltonus weiter bestehen. Die Ursachen von muskulären Verspannungen und Bewegungseinschränkungen können deshalb nicht immer ergründet werden. Es kommt sogar vor, dass der Grund in einer psychischen Komponente zu suchen ist. In der Regel sind Stressfaktoren der Auslöser für Muskelverspannungen. Nicht selten gründet die Ursache in einer ungünstigen Haltungsform.

So ist die dauerhafte Boxenhaltung ein typischer Stressfaktor, da sie keinen ausreichenden Sozialkontakt zu Artgenossen gewährt, die Bewegungsmöglichkeiten zu sehr einschränkt und Langeweile hervorruft. Aber auch die Auslauf-/Offenstallhaltung kann ein nicht unerheblicher Stressfaktor sein, wenn die Herdenzusammenstellung unpassend ist und damit ein Pferd ständig verbissen oder vertrieben wird. Das rangniedrige Tier kommt nicht zur Ruhe, fühlt sich allein und damit unsicher, weil ihm der Schutz der Herde fehlt.

Es gibt aber noch unzählige weitere Stressfaktoren, die dazu führen, dass Pferde einen erhöhten Muskeltonus haben, so beispielsweise der Fütterungs- und Trainingsstress. Dabei muss das Pferd beim Reiten nicht zwingend geschunden werden, um einen Trainingsstress zu verursachen, es reichen allein Kommunikationsschwierigkeiten zwischen Reiter und Pferd oder ein unpassender Sattel, der auf die Muskulatur drückt.

Trainingsstress ist ein häufiger Faktor, der muskuläre Probleme auslöst. Der Stress kann dabei sowohl körperlicher als auch mentaler Natur sein.

Man kann davon ausgehen, dass jegliches Unwohlsein – physisch oder psychisch – eine negative Auswirkung auf die Muskulatur des Pferdes hat. Somit sind die meisten Muskelprobleme beim Pferd stets sekundärer Natur. Nur selten sind primäre Ursachen der Auslöser von Muskelschmerzen und -verspannungen. Darunter fallen beispielsweise Verletzungen wie Muskelrisse, -zerrungen oder Hämatome.

Es ist nicht ungewöhnlich, dass die Muskulatur mitbetroffen ist, wenn das Pferd gesundheitliche Probleme plagen. Schließlich nimmt die Muskulatur mehr als 40 Prozent der Körpermasse des Pferdes ein. Sie bildet die äußere Form des Pferdes und stellt damit ein wichtiges Beurteilungskriterium des Exterieurs dar. Das Pferd besitzt in etwa 250 paarig angelegte und einige unpaarige Muskeln. Es versteht sich von selbst, dass die Muskeln auf der rechten Seite auch auf der linken Körperhälfte des Pferdes vorhanden sind. Die unpaarigen Muskeln sind somit logischerweise in der Körpermitte, im Bereich der sogenannten Medianlinie, die das Pferd längs durchschnitten in zwei Hälften teilt, angeordnet.

Bemerkenswert ist, dass das Pferd unter allen Haustieren die sehnigste Muskulatur aufweist. Unterhalb des Vorderfußwurzel- beziehungsweise Sprunggelenks besitzt das Pferd keine Muskeln, sondern nur noch Sehnen. Die Muskeln des Pferdes gehen sehr früh in sehnige Strukturen über, so ist das Pferd mit teils sehr langen Sehnensträngen ausgestattet. Die tiefe Beugesehne ist beispielsweise eine sehr lange Sehne, die an der Vorhand von der Karpalgelenksbeuge bis zum Hufbein zieht.

Aufgrund der stark sehnigen Struktur ist das Pferd sehr leistungsfähig, da Sehnen – im Gegensatz zur Muskulatur – nicht ermüden können. Dennoch hat diese Konstruktion der Natur auch Nachteile. Verletzungen von wenig durchbluteten Sehnen benötigen eine deutlich längere Heilungszeit als Muskeln. Während man bei den Muskeln einen Mittelwert von etwa sechs Wochen annimmt, sind Sehnen erst nach sechs bis zwölf Monaten ausgeheilt. Die Verletzungsdauer richtet sich selbstverständlich nicht nur nach der Struktur, sondern insbesondere auch nach der Art und Schwere der Verletzung.

1.1.1 Aufbau des Muskels

Je nach Gewebeart zeigt die Muskulatur eine unterschiedliche Struktur. Im Körper des Pferdes befinden sich drei verschiedene Muskelgewebearten. Grundsätzlich unterscheidet man quer gestreiftes und glattes Muskelgewebe. Die dritte Variante ist eine Mischung aus beiden Formen.

Die glatte Muskulatur findet man als Ummantelung von Hohlorganen wie Magen, Darm, Blase oder Blutgefäße. Sie ist nicht willkürlich steuerbar, sondern unterliegt einem autonomen, langsamen Rhythmus, der vom vegetativen Nervensystem gesteuert wird. Die glatte Muskulatur weist eine gewisse Plastizität auf, das bedeutet, dass sich diese Form des Muskelgewebes auf eine bestimmte Dehnung über einen längeren Zeitraum einstellen kann, ohne zu erschlaffen. Die glatte Muskelzelle hat eine Länge von etwa 0,1 mm. Unter dem Mikroskop findet man weniger Aktin- und Myosinfilamente als in der quer gestreiften Muskulatur, wodurch eine Querstreifung nicht ersichtlich wird.

Quer gestreifte Muskelfasern findet man hingegen in der Skelettmuskulatur. Sie sind das Muskelgewebe, mit dem man bei der Triggerpunkttherapie arbeitet. Dieses Muskelgewebe ist über das Nervensystem willkürlich steuerbar,

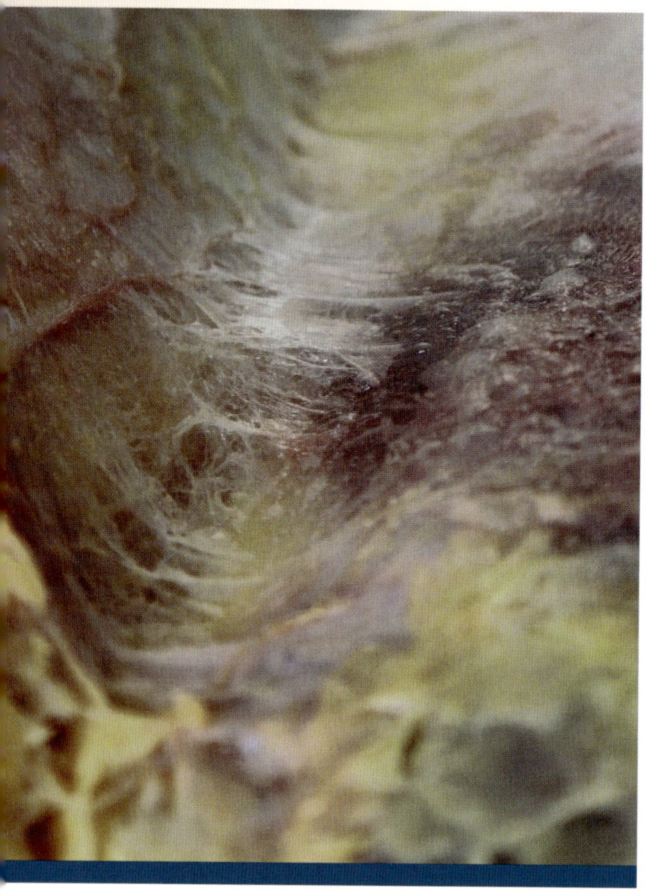

Jede Muskelfaser, aber auch der gesamte Muskel ist mit einer Bindegewebshülle, der sogenannten Faszie, umgeben. Die Faszien können bei Verspannungen der Muskulatur verkleben, was Schmerzen und Bewegungseinschränkungen zur Folge hat.

der Impuls für die Kontraktion einer Muskelfaser geht somit vom Gehirn (Großhirnrinde) aus.

Der Muskel an sich ist mit einer Bindegewebsschicht, der sogenannten Faszie, umgeben und besteht aus mehreren Muskelfaserbündeln. Die Muskelfaserbündel werden ebenfalls von einer faszialen Haut umschlossen. Weiter unterteilen sich die Faserbündel in einzelne Muskelzellen. Die Muskelzellen der quer gestreiften Muskulatur werden auch Muskelfasern genannt und können mehrere Zentimeter lang sein. Die Skelettmuskelzellen sind von einem Sarkolemm (Membran der Muskelzelle) umgeben und beinhalten feine Eiweißfasern, die man Myofibrillen nennt. Diese sind für die Kontraktion des Muskels zuständig, wobei sich diese Eiweißmoleküle, die auch die Bezeichnung Aktin- und Myosinfilamente führen, ineinanderschieben. Die Anordnung der Aktin- und Myosinfilamente zeigt unter dem Mikroskop betrachtet eine Querstreifung auf, weshalb die Skelettmuskulatur auch quer gestreifte Muskulatur genannt wird.

In jedem Muskelbauch befinden sich außerdem spezielle Muskelfasern, die nur wenige Millimeter lang sind. Man bezeichnet sie als Muskelspindeln. Sie dienen in erster Linie als Dehnungsrezeptoren und stellen den Muskeltonus ein. Sie haben zudem die Aufgabe, die Länge und somit den Dehnungszustand der jeweiligen Muskelfaser zu registrieren und diese an das Gehirn zu übermitteln. Muskelspindeln sind nur in der Skelettmuskulatur vorhanden.

Am Übergang zwischen Muskel und Sehne befindet sich das Golgi-Sehnenorgan, das den Spannungszustand eines Muskels misst und über Nervenfasern an das Gehirn weiterleitet.

Die dritte Muskelgewebeart ist eine Mischung aus der quer gestreiften Muskulatur und der glatten Gewebeform. Es handelt sich um die Herzmuskulatur, die einerseits wie die Skelettmuskulatur eine Querstreifung aufweist, andererseits aber – wie die glatte Muskulatur – nicht willkürlich steuerbar ist. Die Herzmuskulatur nimmt somit eine Sonderstellung ein.

MERKE

Es gibt drei verschiedene Varianten von Muskelgeweben:

- Glatte Muskulatur (Hohlorgane, unwillkürlich steuerbar)
- Quer gestreifte Muskulatur (Skelettmuskulatur, willkürlich steuerbar)
- Herzmuskulatur (quer gestreift, aber unwillkürlich steuerbar)

Da für die Triggerpunkttherapie nur die Skelettmuskulatur von Belang ist, ist auch immer diese gemeint, wenn nachfolgend von der Muskulatur oder dem Muskel die Rede ist.

Der Muskel geht stets in ein Sehnengewebe über, womit er schließlich am Knochen befestigt ist. Die körpernahe Befestigungsstelle wird Ursprung, die körperferne Anhaftungsstelle Ansatz oder Insertion genannt. Zwar setzen die Muskeln über die Sehnen in erster Linie am Knochen an, dennoch können diese auch in Bänder oder Fasziengewebe einstrahlen.

Sehnen bestehen aus kollagenen Bindegewebsfasern, die sehr straff und fest sind. Diese Fasern sind zu einem Faserbündel zusammengefasst und ergeben den Sehnenstrang, der von Bindegewebe umhüllt wird. Die Dehnungskapazität von Muskeln und Sehnen ist höchst unterschiedlich. Eine Sehne hat eine Dehnungskapazität von nur etwa vier Prozent. Höhere

Überbelastungen der Sehne kommen zustande, wenn kurzzeitig zu hohe Zugbelastungen auf die Struktur einwirken, wie beispielsweise bei der Landung nach dem Sprung.

Zugbelastungen führen bereits zu Überdehnungen und ab einer Dehnung von acht Prozent kommt es zu Zerreißungen der Sehnenfasern.

MERKE

Sehnen besitzen eine Dehnkapazität von etwa vier Prozent. Stärkere Zugbelastungen führen zu Verletzungen wie Überdehnungen oder Zerreißungen.

Aufgrund der geringen Dehnkapazität sind Sehnen stark verletzungsgefährdet. Insbesondere ist die Insertionszone – der Übergang des Sehnengewebes zum Knochen – von Verletzungen betroffen. Der Grund ist die große Belastung dieser Region, weil hier ein Ausgleich der Strukturen zwischen Sehne und Knochen geschaffen werden muss, deren Elastizität jedoch höchst unterschiedlich ausfallen. Da diese Kompensation nicht immer gelingt, ist die Ansatzstelle der Sehne einer hohen Beanspruchung ausgesetzt, wodurch es leichter zu Verletzungen kommen kann. So treten bei Pferden relativ häufig sogenannte Insertionstendopathien auf.

Diese und weitere Sehnenverletzungen entstehen insbesondere durch zu hohe und zu schnell einwirkende Zugbelastungen auf die Sehne, beispielsweise beim Auffußen nach dem Sprung. Eine Überbelastung kommt leichter zustande, wenn der Muskel-Sehnen-Bereich nicht genügend aufgewärmt ist. Fachgerechtes Aufwärmen steigert die Dehnungskapazität der myofaszialen Strukturen und schützt somit vor Verletzungen.

Sehnen sind deutlich weniger durchblutet als Muskeln, somit ist der Stoffwechsel im Sehnengewebe herabgesetzt, was zu erheblich längeren Heilungszeiten nach Verletzungen führt. Während Muskelgewebe relativ schnell regeneriert und – je nach Verletzungsgrad – mit nur einigen Wochen Heilungszeit gerechnet werden muss, müssen bei Sehnenschäden mehrere Monate bis über ein Jahr veranschlagt werden, bis eine Verletzung ausgeheilt ist.

1.1.2 Verschiedene Muskelfasern

Es werden zwei Haupttypen von Muskelfasern unterschieden. So bietet die Skelettmuskulatur zum einen sogenannte weiße Muskelfasern, die auch helle (blasse), Fast-twitch-, F- oder Typ-2-Fasern genannt werden, zum anderen rote Muskelfasern mit den synonymen Bezeichnungen dunkle, Slow-twitch-, S- oder Typ-1-Fasern.

Das Verhältnis von roten und weißen Muskelfasern ist zum einen genetisch bedingt und rasseabhängig, zum anderen ist die Faserverteilung durch Training bis zu einem gewissen Grad auch veränderbar. So bestimmt unter anderem die Funktion des jeweiligen Muskels die Verteilung von roten und weißen Muskelfasern. Haltemuskeln sind mit einem höheren Anteil von Typ-1-Fasern ausgestattet, Bewegungsmuskeln hingegen beinhalten mehr Typ-2-Fasern. Es gibt eine Reihe von unterschiedlichen Eigenschaften zwischen den roten und weißen Muskelfasern.

Insbesondere ist die Kontraktionsgeschwindigkeit ein wichtiges Unterscheidungsmerkmal. Weiße Muskelfasern kontrahieren signifikant schneller als rote und arbeiten im anaeroben Bereich. Slow-twitch-Fasern hingegen benötigen Sauerstoff für ihre Muskelarbeit, funktionieren also vor allem im aeroben Bereich und werden deshalb auch oxidative Fasern genannt. Weil die weißen Muskelfasern im anaeroben Bereich arbeiten, können sie schnelle Muskelkraft

Weiße Muskelfasern arbeiten im anaeroben Bereich und stellen kurzzeitig eine hohe Muskelkraft bereit, wie es beim Spin des Westernpferdes notwendig ist.

bereitstellen, was bei sportlichen Leistungen wie Sprüngen, kurzen Sprints und schnellen Manövern mit hohem Kraftaufwand erforderlich ist. Die langsam zuckenden roten Muskelfasern benötigen mehr Sauerstoffkapazität und eignen sich deshalb nicht für hohe Kraftanstrengungen, sondern vielmehr für Ausdauerleistungen. Die Arbeit kann dafür über einen längeren Zeitraum aufrechterhalten werden, jedoch ist die Intensität von Schnelligkeit und Kraft deutlich geringer. Weiße Muskelfasern hingegen ermüden frühzeitig, sie können hohe Kraftleistungen deshalb nur kurzzeitig erbringen.

Die langsam zuckenden roten Muskelfasern sind auf Ausdauerleistungen ausgelegt, wie sie insbesondere das Gelände- und Wanderreitpferd benötigt.

Daraus folgt, dass weiße Muskelfasern für Aufgaben geeignet sind, die Schnellkraft erfordern. Rote Muskelfasern bieten sich vielmehr für Ausdauerleistungen an, weil sie eine mäßige Kraft über einen längeren Zeitraum aufrechterhalten können. Daraus lässt sich ableiten, dass Kurzstreckenrennpferde (Sprinter) im Verhältnis mehr weiße Muskelfasern benötigen. Das Distanz- und Wanderreitpferd hingegen ist mit einer höheren Anzahl von roten Muskelfasern besser bedient.

Die rote Färbung der Muskelfaser ergibt sich über eine höhere Myoglobinkonzentration, wodurch mehr Sauerstoff bereitgestellt werden kann. Die myoglobinarme (weiße) Muskelfaser erscheint im Gegensatz dazu aufgrund der geringeren Konzentration des Muskelfarbstoffs heller.

Die langsam zuckenden roten Muskelfasern sind auf Ausdauerleistungen ausgelegt, wie sie insbesondere das Gelände- und Wanderreitpferd benötigt.

Muskelfasertypen

Muskelfaser	Alternative Bezeichnungen	Eigenschaften	Eignung
Weiß	Blasse Fasern F-Fasern Fast-twitch-Fasern Glykolytische Fasern Typ-2-Fasern	Anaerobe Kapazität Myoglobinarm Schnell zuckend	Schnellkraft
Rot	Dunkle Fasern S-Fasern Slow-twitch-Fasern Oxidative Fasern Typ-1-Fasern	Aerobe Kapazität Myoglobinreich Langsam zuckend	Ausdauer

Eine ausgeglichene Mischung aus roten und weißen Muskelfasern nennt man Intermediärtyp, der sich insbesondere durch Training in die eine oder andere Faserrichtung beeinflussen lässt. Bei einer andauernden Trainingsweise, die nicht mehr als 15 Prozent des maximalen Kraftaufwands erfordert – also der überwiegenden Arbeit im aeroben Bereich –, gelingt der teilweise Umbau von weißen in rote, langsam zuckende Muskelfasern. Die trainingsbedingte Umstrukturierung von Slow-twitch-Fasern in schnell zuckende Muskelfasern ist hingegen weniger erfolgreich.

1.1.3 Lage und Funktionalität

Sowohl für den Reiter als auch für den Muskeltherapeuten ist es besonders wichtig, die Lage der Muskeln im Pferdekörper zu kennen. Zudem ist die Kenntnis der Muskelfaserrichtung ein entscheidender Faktor, um einen Massagegriff korrekt anzusetzen. Beispielsweise muss bei der (in der Triggerpunkttherapie eingesetzten) Querfriktion eine – wie der Name bereits verrät – Reibung quer zur Muskelfaser erfolgen. Dies ist deshalb entscheidend, weil der Behandlungserfolg von der richtig ausgeführten Technik abhängt.

Nun verlaufen die Muskelstränge und Sehnen nicht immer geradlinig von A nach B, sondern werden über Knochenvorsprünge geführt, über sogenannte Sesambeine umgelenkt oder teilen sich in mehrere Muskelstränge auf. Der einfache Aufbau des Muskels mit einem Muskelbauch und zwei an Knochen ansetzenden Sehnen wird also nicht immer displizit eingehalten. Oft verzweigen sich die Muskelbäuche, haben somit einen Ursprung, aber mehrere Ansätze. Dies spiegelt sich dann meistens auch im Namen der Muskeln wider: Bizeps (zweiköpfig), Trizeps (dreiköpfig) oder Quadrizeps (vierköpfig). Um die Sache noch komplizierter zu gestalten, liegen die Muskeln außerdem nicht brav neben- oder übereinander. Sie tauschen manchmal Fasern untereinander aus, womit sie regelrecht miteinander verflochten sind. Somit darf ein einzelner Muskel nicht separat, sondern muss stets in Verbindung mit allen anderen Muskeln und Geweben gesehen werden. Die Lage und Funktionalität wird nicht allein von diesem einen Muskel bestimmt, sondern werden mitunter von Faszien, Bändern, Knochen, Nerven, Blutgefäßen und Bindegewebe entscheidend beeinflusst.

Ein einzelner Muskel ist außerdem nicht in der Lage, seiner Aufgabe nachzukommen, wenn sein gekoppelter Partner nicht „mitspielt". Muskeln können sich nämlich nur zusammenziehen (kontrahieren), jedoch nicht aktiv entspannen. Damit die Myofibrillen wieder auseinandergleiten, muss ein gegensätzlich arbeitender Muskel, der sogenannte Antagonist (Gegenspieler), kontrahieren. Jeder Muskel ist deshalb auf seinen Gegenspieler angewiesen, um optimal zu funktionieren.

Der aktive, kontrahierende Muskel wird Agonist (Spieler) genannt, der dadurch passiv in die Dehnung gebrachte Muskel wird als Antagonist (Gegenspieler) bezeichnet. Arbeiten zwei oder mehrere Muskeln gleichzeitig und ziehen einen Knochen in dieselbe Richtung, spricht man von Synergisten (Mitspielern).

Muskeln haben unterschiedliche Aufgaben. In erster Linie dient die Skelettmuskulatur dazu, bestimmte Knochen in eine Richtung zu ziehen, damit sich der Körper über eine Beugung oder Streckung im jeweiligen Gelenk bewegen kann. Die Muskulatur ist also für die Bewegung des Körpers verantwortlich. Doch Muskeln bewegen nicht nur, sie stabilisieren auch. Insbesondere die Muskeln der tiefen Ebene erfüllen die Aufgabe der Haltearbeit, so spricht man auch von Haltemuskeln im Gegensatz zu den meist oberflächlich liegenden Bewegungsmuskeln. Die tiefe Rumpfmuskulatur sendet außerdem ständig Signale an das Gehirn über die Lage und Bewegung des Körpers im Raum. Diese Wahrnehmung wird als Propriozeption bezeichnet.

MERKE

Muskeln haben unterschiedliche Aufgaben. Sie dienen insbesondere als Halte- oder Bewegungsmuskeln.

Obwohl die Muskeln nicht selten ineinander verwoben sind, kann man drei Muskelschichten

Die Skelettmuskulatur hat in erster Linie die Aufgabe, den Körper in Bewegung zu versetzen. Sie leistet aber auch Haltearbeit und hat somit mitunter eine stabilisierende Funktion.

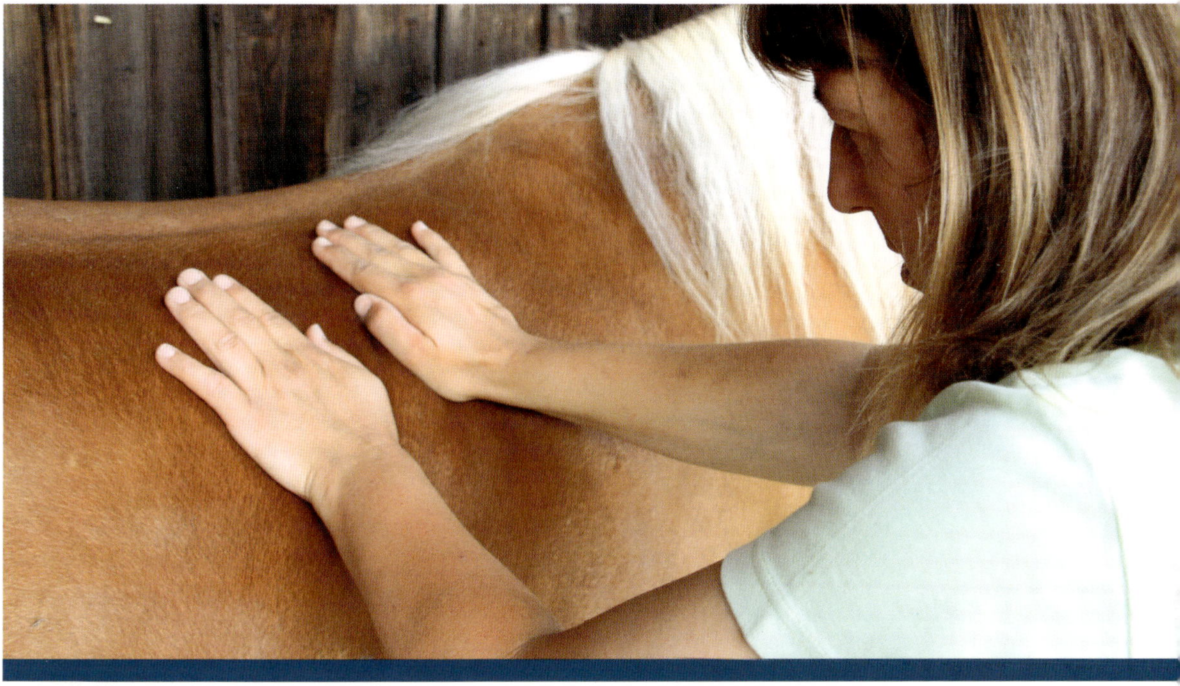

Man muss Ursprung, Ansatz, Verlauf und Funktion der oberflächlichen Muskulatur kennen, um deren Zustand durch Palpation beurteilen und letztendlich auch behandeln zu können.

unterscheiden: die oberflächliche, die mittlere und die tiefe Muskelschicht. Über die Massage und Triggerpunkttherapie wird man in erster Linie auf die oberflächliche Muskulatur einwirken. Es ist kaum möglich, mit manuellen Techniken die tiefen Muskelschichten direkt zu erreichen. Dennoch wird die tief gelegene Muskulatur stets auch indirekt beeinflusst. Zudem gewinnt man einen Zugriff insbesondere über Dehntechniken der Extremitäten und des Rumpfes.

Weil man bei der Behandlung der Muskulatur vor allem die oberflächlichen Muskelschichten palpiert (abtastet) und massiert, sollte man vor allem die Lage, den Verlauf und die Funktion dieser Muskeln kennen.

1.1.4 Einführung in den Muskelstoffwechsel

Sportliche Leistungen – aber auch jede einzelne Bewegung des Körpers – sind von der Muskelaktivität abhängig. Der Muskel benötigt jedoch für seine Arbeit eine Art von Treibstoff, der über chemische Stoffwechselvorgänge in Energie umgewandelt wird. Diese Energie besteht allerdings zu 75 Prozent aus Wärme, nur 25 Prozent der Energie wird für die Bewegung aufgewendet.

Dem Körper stehen hierfür verschiedene Energieträger zur Verfügung. Jede Energieform hat unterschiedliche Eigenschaften, die sich in ihrer Kapazität, der Schnelligkeit des Zugriffs und Dauer der Verfügbarkeit unterscheiden. Welche Energieträger angezapft werden, ist somit abhängig von der Art der Leistung, die dem Körper abverlangt wird.

Immer jedoch muss das Adenosintriphosphat (ATP) zur Verfügung stehen, das bei der Muskelarbeit gespalten wird. Um dieses zu generieren, stehen mehrere Energiedepots zur Verfügung. Zunächst jedoch werden geringe Mengen des ATP im Muskel vorrätig gehalten, damit sie sofort abrufbar sind, wenn sie benötigt werden. Durch die Spaltung des ATP entsteht das Zerfallsprodukt Adenosindiphosphat (ADP) sowie anorganische Phosphate. Auf diese Weise wird der Körper zwar sehr schnell, aber nur für extrem kurze Zeit mit Energie versorgt. Der Vorrat an ATP ist innerhalb von wenigen Sekunden bereits verbraucht, weil der Muskel nur geringe Mengen des energiereichen ATP speichern kann.

Soll der Muskel jedoch weiterarbeiten, muss der Körper die nächste Energiestufe anzapfen, um wiederum ATP herstellen zu können. Als weitere Energiequelle steht deshalb das Kreatinphosphat (KP) zur Verfügung, dem sich der Körper bedient, um in Verbindung mit ADP wiederum das ATP herzustellen. Der Vorrat des KP ist aber ebenfalls nach etwa 20 Sekunden intensiver Muskelarbeit erschöpft. Das Pferd müsste jetzt eine Pause einlegen und etwa drei Minuten warten, bis die Kreatinphosphatspeicher wieder gefüllt sind. Nachfolgend könnte das Pferd wiederholt eine knappe halbe Minute laufen oder springen.

Da jeder Pferdebesitzer schon aus Erfahrung weiß, dass das Pferd aber durchaus länger laufen kann, muss es weitere Energiequellen geben, die das Pferd plündert, sobald die Kreatinspeicher leer sind. Die gibt es selbstverständlich auch, und zwar in Form von Glykogen, der Speicherform von Glukose (Traubenzucker), und letztendlich auch Fettsäuren. Glykogen wird in der Muskulatur, aber auch in der Leber gespeichert. Der gespeicherte Vorrat reicht für etwa eine halbe Stunde Muskelarbeit. Sind nach dieser Zeit die Glykogenspeicher aufgebraucht, zapft der Körper schließlich die Fettreserven an.

Allerdings darf man sich die Verwertung der Energiequellen nicht so vorstellen, dass ein Depot zuerst vollständig geleert wird, bis die nächste Quelle ausgeschöpft wird. Die Energiequellen werden stets ineinander übergreifend angezapft. Dennoch gibt es die Regel, dass je kürzer und intensiver die Leistungsanforderung, desto eher werden die gespeicherten Phosphate als Energiequelle herangezogen. Je länger und moderater die geforderte Leistung hingegen ist, desto eher verbrennt der Körper Zucker und Fette.

Zucker und Fette werden mit der Nahrung aufgenommen, in eine speicherfähige Form gebracht und eingelagert. Fettreserven stehen dabei in fast unerschöpflichem Maß zur Verfügung. Wie viel Glykogen in den Speichern vorhanden ist, hängt vom Trainingszustand und von der Nahrungszufuhr über Kohlenhydrate ab. Die adäquate Fütterung spielt deshalb eine nicht zu unterschätzende Rolle für die Leistungsfähigkeit des Pferdes.

Nach Verbrauch des gespeicherten Zuckers greift der Körper nun auf die Fettreserven zu. Dies kann er allerdings nur im aeroben Stoffwechsel. Bei kurzzeitigen Höchstleistungen können die Fettreserven nicht genutzt werden. Soll ein Pferd abspecken, ist eine kontinuierliche leichte Arbeit deutlich effektiver als hohe, aber kurzzeitige Leistungen. Das Pferd muss dabei im aeroben Stoffwechselbereich bleiben, wobei es nicht mehr als 15 Prozent der möglichen Muskelkraft aufwenden darf.

Um den Fettstoffwechsel anzuregen, ist eine kontinuierliche leichte Arbeit wesentlich effektiver als kurzzeitige hohe Leistungsanforderungen.

MERKE

Der Abbau von Fettreserven findet nur im aeroben Stoffwechsel statt, wobei das Pferd nicht mehr als 15 Prozent der maximalen Muskelkraft aufwenden darf.

Sollten selbst die Fettreserven zur Neige gehen, nimmt sich der Körper im äußersten Notfall Eiweiße als Energiequelle vor. Dieser Prozess allerdings zerstört die Zellen und führt somit zu körperlichen Schäden.

Aerober und anaerober Stoffwechsel

Da die Energiequellen Adenosintriphosphat und Kreatinphosphat sofort verfügbar sind, aber mit nur kleinem Vorrat zur Verfügung stehen, eignen sich diese Depots für den anaeroben Stoffwechsel. Im Umkehrschluss nutzt der Körper die großen Speichervorräte von Glykogen und Fettsäuren für den aeroben Stoffwechsel, insbesondere auch deshalb, weil die Verfügbarkeit zeitlich verzögert ist.

Der aerobe Stoffwechsel findet unter Sauerstoffverbrauch statt. Das bedeutet in der Praxis, dass der aerobe Stoffwechsel nur dann gegeben ist, wenn nicht mehr Leistung abgefordert wird, als die Lunge an Sauerstoff liefern kann. Die sportliche Leistung ist dabei relativ gering, kann aber über einen langen Zeitraum aufrechterhalten werden. Arbeitet der Organismus hingegen im anaeroben Bereich, findet der Stoffwechsel ohne Sauerstoffverbrauch statt. In diesem Fall werden ATP

Die Überwachung der Herzfrequenz mit Hilfe eines Pulsmessers kann helfen, das Training des Pferdes zu optimieren.

und KP abgebaut (siehe oben). Zudem kann es zu einer unvollständigen Glukoseverbrennung mit anfallendem Laktat kommen. Die Leistung kann nur kurzzeitig aufrechterhalten werden, dann ist das Pferd „außer Atem" und muss eine Pause einlegen (um die verbrauchten Phosphatspeicher wieder zu füllen).

Kommt es zur unvollständigen Verbrennung von Glukose mit Laktatbildung, übersäuert der Muskel. Dies spürt man als „Brennen" im Muskel. Im Leistungssport wird die Laktatmessung herangezogen, um den Bereich zu finden, in dem der aerobe Stoffwechsel in den anaeroben übergeht. An dieser sogenannten Schwellenleistung erbringen Pferde die größtmögliche Ausdauerleistung. Aus diesem Grund möchte man die Tiere im Schwellenbereich trainieren. Doch eine Laktatmessung ist beim Pferd nicht praktikabel, so muss man auf die Herzfrequenzmessung ausweichen, um eine optimale Trainingsbelastung zu erreichen. Mit zunehmender Fitness eines Pferdes verlagert sich der Schwellenwert und somit der Übergang in den anaeroben Bereich. Das Pferd kann auf diese Weise mehr im aeroben Bereich leisten als ein untrainiertes Tier.

Es setzt viel Gefühl und Kenntnis voraus, ein Pferd optimal zu trainieren und Überforderungen zu vermeiden. Überlastungsphasen führen letztendlich zu Verletzungen in Muskeln, Sehnen oder Bändern. Die meisten Pferde haben muskuläre Probleme aufgrund unsachgemäßen Trainings.

1.2 Auffinden von muskulären Problemen

Muskuläre Probleme sind beim Pferd ein sehr häufiges Phänomen, was bei über 40 Prozent Körpermasse nicht ungewöhnlich ist. So ist es nicht verwunderlich, dass mehr als drei viertel der Bewegungseinschränkungen dem myofaszialen System zuzuordnen sind. Ein guter Grund, der Muskulatur mehr Aufmerksamkeit zu schenken.

Um muskuläre Probleme behandeln zu können, müssen sie zunächst erkannt und deren Ursachen beseitigt werden. Die Behandlung der Muskulatur muss stets mit der Ursachenfindung und -beseitigung Hand in Hand gehen, um eine langfristige Lösung zu erzielen.

1.2.1 Ursachen von Muskeldysfunktionen

Die häufigste Form der muskulären Dysfunktion ist die Muskelverspannung. Sie entsteht immer aufgrund einer Stresssituation, die nun allerdings sowohl physisch als auch psychisch bedingt sein kann. Stresssituationen sind sehr vielfältig und decken nicht nur den Trainingsbereich ab. So kennen wir auch den Haltungs- und Fütterungsstress (siehe auch Kap. 4.1.) sowie den Trainings- und Verletzungsstress.

Physische Überforderungen haben häufig auch Verletzungen zur Folge, die einen weiteren Aspekt für nachfolgende Muskelverspannungen darstellen. Verletzungen der Muskulatur entstehen immer aufgrund einer Überbeanspruchung der Struktur. Dabei darf man die Muskulatur nicht getrennt vom Sehnenapparat betrachten. Muskeln und Sehnen bilden eine Einheit und beeinflussen sich gegenseitig. Kommt es zu einer Sehnenzerrung, wird der dazugehörige Muskel mit kontrakten Fasern reagieren, die den Zug auf die verletzte Sehne weiter erhöhen. Bei der Behandlung sind deshalb stets beide Komponenten – Muskel und Sehne – zu berücksichtigen.

MERKE

Eine Sehnenverletzung hat immer auch eine Verspannung des zugehörigen Muskels zur Folge.

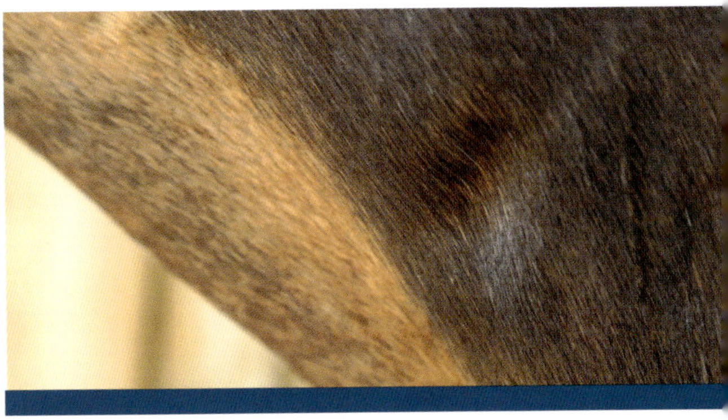

Ein Muskelriss wird durch eine Delle im Muskelverlauf sichtbar.

Überbeanspruchungen der Muskulatur können durch Fehltritte des Pferdes, Überlastungen im Training, eine ungenügende Aufwärmphase oder traumatische Ereignisse wie Tritte oder Schläge von Artgenossen entstehen. Die Auswirkungen sind unterschiedlich und richten sich mitunter nach der Schwere der Verletzung. In der Reihenfolge der Schwere der Verletzung werden Muskelläsionen wie folgt eingeteilt: Muskelzerrung – Muskelkater – Muskelfaserriss – Muskelriss – Muskelprellung – Muskelkrämpfe.

Doch jede Verletzung kann wiederum in verschiedene Schweregrade eingestuft werden, sodass die Reihenfolge der Auflistung nicht zwingend ist.

Man sieht, dass bereits ein Muskelkater eine Verletzung darstellt, die nicht verharmlost werden sollte. Bei einem Muskelkater handelt es sich nach aktueller Lehrmeinung um kleinste Muskelfaserrisse. Immer noch kursiert jedoch die veraltete Annahme, es handle sich um eine Muskelübersäuerung durch die Bildung von Laktat. Diese These ist allerdings längst widerlegt. Auch die Meinung, dass man bei einem Muskelkater das Pferd weiterhin bewegen sollte, ist veraltet. Vielmehr ist Schonung angesagt, bestenfalls nur leichte Bewegung und Wärmeapplikationen.

Muskelzerrungen sind häufige Verletzungen des Pferdes, wobei diese von den Reitern oft gar nicht erkannt werden. Das Pferd zieht sich eine Muskelzerrung durch zu intensive Belastung, falsches Training und mangelhaftes Aufwärmen zu. Der Muskel wird dabei bis zur Belastungsgrenze gedehnt, überschreitet die Elastizitätsgrenze jedoch noch nicht. Die nächste Stufe, bei der bereits einzelne Muskelfasern zerreißen, wäre der Muskelfaserriss. Die Ursachen sind dieselben wie bei einer Zerrung, jedoch wirken die auslösenden Faktoren intensiver ein. Bei noch größeren zerstörerischen Einwirkungen können ganze Muskelbündel reißen oder gar der gesamte Muskel. Da sich gerissene Muskelfasern aufrollen und einziehen, hinterlassen diese Verletzungen stets sichtbare Dellen im Bereich der Verletzungsstelle.

Schwitzt das Pferd aufgrund hoher sportlicher Leistungen regelmäßig sehr stark, kann es unter einem Elektrolytverlust leiden. Dies kann in schweren Fällen zu Muskelkrämpfen führen, wenn die Mineralstoff- und Wasserzufuhr nicht rechtzeitig ausgeglichen wird.

Vor Unfällen ist man nicht immer gefeit, dennoch kann umsichtiges Verhalten beim Reiten und im Umgang mit dem Pferd bereits viele Verletzungen vermeiden. Im Training kann man Verletzungen der Muskulatur am besten verhindern, indem der Reiter auf ausreichend lange und gut strukturierte Auf- und Abwärmphasen achtet.

Muskelprellungen erleiden Pferde meist aufgrund von Tritten durch Artgenossen. Um diese Verletzungen zu vermeiden, sollte man die Haltungsbedingungen überprüfen: Hat das Pferd genügend Ausweichmöglichkeiten im Herdenverband? Die häufigsten Verletzungsgründe sind zu wenig Auslauf bei zu hohem Pferdebesatz sowie eine ungünstige Herdenkonstellation.

Muskelkrämpfe kommen bei Pferden eher selten vor und sind meist das Resultat eines Elektrolytverlusts durch Schwitzen. Zu hohe Leistungsanforderungen (Überlastung) bei zu geringer Mineralstoff- und Wasserzufuhr ist die häufigste Ursache.

Jegliche Muskelverletzungen gehen in der Regel mit Schmerzen einher, die wiederum zur Folge haben, dass die Pferde versuchen, über eine bestimmte Schonhaltung oder -bewegung eine Schmerzlinderung zu erreichen. Diese Schonhaltung steht zunächst mit einer angespannten Muskulatur in Verbindung. Die über einen längeren Zeitraum eingegangene Schonhaltung oder Vermeidungsbewegung ist fast immer eine unnatürliche Bewegung oder Haltung, was folglich muskuläre Überlastungen und daraufhin Verspannungen verursacht. Somit befindet sich das Pferd in einem Teufelskreis, den es zu durchbrechen gilt.

Es reicht leider meist nicht aus, die Ursache zu finden und zu beseitigen, um muskuläre Verspannungen dauerhaft zu lösen. Deshalb ist die Unterstützung eines Therapeuten, der die Muskeln des Pferdes behandelt, ein wichtiger Aspekt im therapeutischen Gesamtkonzept, um eine langfristige Besserung herbeizuführen.

Bevor man muskuläre Verspannungen jedoch lösen kann, muss man sie zunächst erst einmal auffinden. Viele Reiter kennen den muskulären Zustand ihres Pferdes überhaupt nicht. Sie trainieren mehr oder weniger oft und intensiv, wissen jedoch nicht, wie sich die Muskulatur dabei entwickelt oder verhält. Nicht selten bauen Pferde eine muskuläre Schutzspannung gegen das (unsachgemäße) Training auf, sodass sich Muskeln nicht auf-, sondern eher abbauen.

MERKE

Pferde bauen muskuläre Schutzspannungen auf, um sich vor Verletzungen, Überforderung oder Schmerzen zu schützen. Die damit verbundenen Daueranspannungen und Fehlhaltungen können zu weiteren gesundheitlichen Problemen führen und verhindern einen Muskelaufbau.

Dass etwas mit der Muskulatur des Pferdes nicht in Ordnung ist, kann der Reiter aber schon an verschiedenen Anzeichen erkennen. Taktunreine Gänge oder gar Lahmheiten sind nicht nur Zeichen von eventuellen Verletzungen, sondern auch muskulären Dysbalancen und Verspannungen. Verspannungen können aber auch ohne eine verletzungsbedingte Kombination entstehen.

Ein verminderter Raumgriff, Unwilligkeit oder ein faul wirkendes Pferd sind ebenfalls

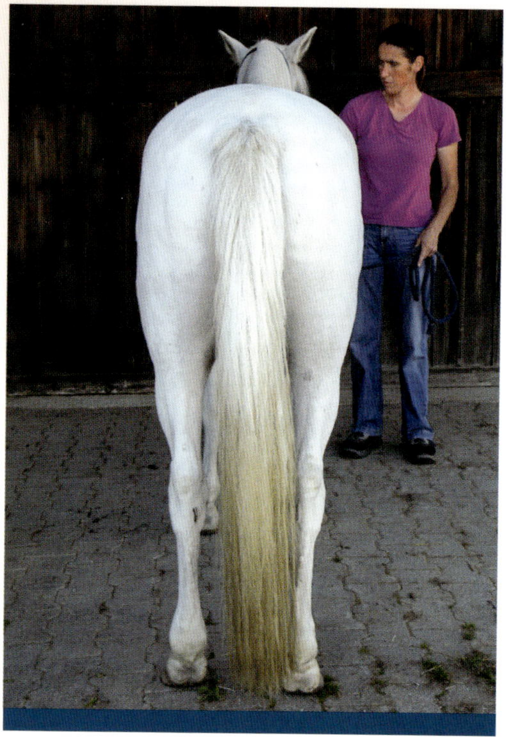

Die Ausprägung der Muskulatur wird im Seitenvergleich beurteilt. Ausbalancierte Pferde haben meist auch eine symmetrische Muskulatur.

Hinweise für mögliche muskuläre Probleme. Weigert sich das Pferd, eine bestimmte Bewegung auszuführen, ist dies ebenfalls ein Anzeichen. Ein typisches Beispiel hierfür ist, wenn das Pferd sich schlecht stellen oder biegen lässt. Gute Reiter erkennen muskuläre Probleme an einem festgehaltenen Rücken, wenig Raumgriff, unnachgiebigen Maul, einem fixiert getragenen Schweif oder verhaltenen Gängen. Wenn bereits Abwehrreaktionen beim Putzen auftreten, leidet das Pferd schon unter stark schmerzenden Muskelproblemen. Empfindlichkeiten an bestimmten Körperstellen können ebenfalls ein Hinweis auf eine muskuläre Dysfunktion sein.

1.2.2 Begutachtung der Muskelverteilung

Neben muskulären Bewegungseinschränkungen, die vom Reiter jedoch nicht immer als solche erkannt werden, kann ein geschultes Auge ebenfalls Hinweise auf muskuläre Probleme liefern.

Hierzu stellt man das Pferd auf einem ebenen Boden geschlossen auf. Das bedeutet, dass alle vier Beine gleichmäßig belastet werden sollten und ein gleichmäßiges Rechteck bilden. Der Kopf des Pferdes wird gerade gehalten und nun die Muskulatur zunächst im Seitenvergleich begutachtet.

Von vorn betrachtet wirft man einen Blick auf die Schultermuskulatur: Wie ist die Ausprägung der Hals-, Schulter- und Armmuskulatur im Seitenvergleich? Dabei ist es wichtig zu erfassen, ob etwaige Asymmetrien nur einen Muskel betreffen oder alle Muskeln derselben Seite. Findet man Auffälligkeiten, sollte man diese zunächst notieren, ohne dabei zu versuchen, vorzeitig Rückschlüsse zu ziehen.

Anschließend begutachtet man das Pferd von hinten: Hier vergleicht man ebenfalls die Ausprägung der Muskulatur auf der rechten und linken Seite: Wie sieht die Kruppenmuskulatur aus? Sind beide Gluteen (Mm. gluteus medius und superficialis) gleich stark entwickelt oder wirkt eine Seite der Kruppe höher als die andere? Von oben nach unten gleitet der Blick nun über die Kruppen-, Hüft-, Oberschenkel- und Unterschenkelmuskulatur. Nicht selten findet man hier mehr oder weniger markante Asymmetrien.

Nun gilt es noch, einen Blick von der Seite auf das Pferd zu werfen. Da man die rechte und linke Seite des Pferdes nicht gleichzeitig begutachten kann, ist hier ein Seitenvergleich kaum praktikabel. Dennoch kann einem die Seitenansicht viele Informationen geben. Insbesondere beurteilt man die allgemeine Muskelverteilung im Vergleich der Vor- und Hinterhand.

Es gibt immer wieder Pferde, die dabei den Eindruck vermitteln, als wären sie aus zwei verschiedenen Pferden zusammengesetzt, weil die Vorhand so gar nicht mit der Hinterhand harmoniert. Dieser Eindruck kann aufgrund eines ungünstigen Exterieurs (Knochenbau) zustande kommen, aber auch hinsichtlich einer ungleichmäßigen Muskulatur. Nicht selten haben diese Pferde eine sehr schwache Hinterhandmuskulatur, wohingegen die Schulterpartie gut bemuskelt ist.

Das Pferd sollte jedoch eine gleichmäßig verteilte und gut entwickelte Muskulatur aufweisen. Jegliche Abweichungen sind Hinweise auf Probleme in der Muskulatur. Diese können natürlich unterschiedliche Ursachen haben – von Verletzungen über Schonhaltungen bis hin zu falsch, sprich einseitig gerittenen Pferden. Ein schief sitzender Reiter kann allein Schuld daran haben, wenn sich die Muskulatur des Pferdes ungleichmäßig ausbildet. Bei einer asymmetrischen Ausprägung der Muskulatur ist häufig die schwächer bemuskelte Seite von Verspannungen betroffen. Dennoch ist selbst ein starker Muskel nicht vor Spasmen gefeit.

Neben der Inspektion des Pferdes im ruhigen Stand kann die Begutachtung in Bewegung weitere Hinweise auf Muskelprobleme liefern. Auch hier sichtet man das Pferd sowohl von vorn, von

Jedes Pferd hat einen individuellen Muskeltonus, den es durch Palpation (Abtasten) zu ermitteln gilt. Dabei muss man einen hohen Muskeltonus klar von einer verspannten Muskulatur abgrenzen können.

hinten und von der Seite. Man achtet auf Taktunreinheiten, Lahmheiten (Kopfnicken, langsameres Vorführen einer einzelnen Gliedmaße oder kürzere Belastungsphasen), Ausweichbewegungen und schiefes Laufen. Tritt das Pferd in die Spuren der Vorderhufe oder fußen die Hinterbeine versetzt auf? Wird der Rücken festgehalten und wirkt das Pferd allgemein steif in seinen Bewegungen?

Ergibt sich aufgrund der Sichtung ein Verdacht auf muskuläre Probleme, ist es an der Zeit, nun im wahrsten Sinne des Wortes Hand anzulegen.

1.2.3 Muskeln ertasten

Bevor es möglich ist, den Status eines Muskels zu beurteilen, muss man erst ein Gespür für die Materie bekommen. Im Vorfeld ist es ratsam, sich mit der Lage der Muskeln auseinanderzusetzen, um sie letztendlich am Pferd auch zu finden. Schließlich müssen Ursprung, Ansatz und Funktion des jeweiligen Muskels bekannt sein, damit eine gezielte Behandlung überhaupt möglich ist.

Für den Pferdebesitzer reicht es aus, wenn zunächst die oberflächlich gelegenen Muskeln erarbeitet werden, denn diese sind direkt palpier- und behandelbar. Da es sich bei den oberflächlichen Muskeln meistens um Bewegungsmuskeln handelt und diese sehr großen Spannungen ausgesetzt sind, finden sich hier auch häufig muskuläre Probleme.

Wenn man den Muskel allerdings nicht finden und abgrenzen kann, wird man auch keine Verspannungen lokalisieren können. Aus diesem Grund sollte man sich zunächst mit der Muskulatur seines Pferdes auseinandersetzen und versuchen, die wichtigsten Muskeln am Pferdekörper zu ertasten.

Jedes Pferd hat zwar einen individuellen Körperbau, aber selbstverständlich dieselben Muskeln. Trotzdem wird man deutliche Unterschiede der einzelnen Muskeln feststellen, wenn man diese von einem Pferd zum anderen vergleicht. Auffallende Differenzen findet man nicht nur rassespezifisch, sondern durchaus auch innerhalb einer Rasse und bei Pferden desselben Typs. Dies macht die Beurteilung, ob ein Muskel nur einen hohen Muskeltonus hat oder bereits verspannt ist, für den Anfänger nicht leicht.

Um letztendlich festzustellen, ob ein Muskel als „normal" einzustufen ist, bedarf es ein wenig Erfahrung. Es schadet deshalb nicht, wenn man nicht nur das eigene Pferd abtastet, sondern sich mitunter die Reittiere von Freunden und Bekannten vornimmt.

MERKE

Um die Materie der Muskulatur in Aufbau, Tonus, Funktion und somit auch Abweichungen von der Norm kennenzulernen, ist das Abtasten von möglichst vielen verschiedenen Pferden notwendig, weil dies nur über eine gewisse Erfahrung erreicht werden kann.

Man beginnt die palpatorische Entdeckungsreise stets am Hals des Pferdes. Am einfachsten ist wohl der Armkopfmuskel (M. brachiocephalicus) zu finden. Dieser liegt unmittelbar oberhalb der Drosselrinne und kann mit der Hand gut umfasst werden. Die Muskelansätze können leider nicht erfühlt werden, weil der Muskel sowohl am Hinterhauptsbein als auch am Unterarm in die Tiefe zieht.

Der M. brachiocephalicus (Arm-Kopf-Muskel) verjüngt sich in Richtung Kopf stetig und kann mit den Händen gut umfasst werden, sofern der Muskel locker ist.

Dieser Muskel hat zwei Ansätze, weil sich dessen zwei Anteile quasi in der Mitte, dem sogenannten Klavikularstreifen, treffen. Dieser Klavikularstreifen hat stark sehnige Anteile und stellt für die beiden Muskelanteile den Ursprung dar. Somit besteht der M. brachiocephalicus eigentlich aus zwei „zusammengewachsenen" Muskeln. Sie werden auch differenziert als M. cleidocephalicus (oberer Anteil) und M. cleidobrachialis (unterer Anteil).

Der sehnige Klavikularstreifen kann im unteren Drittel des Halsbereichs ertastet werden. Hierzu gehört allerdings schon etwas Erfahrung und Geschick.

Hat man den Armkopfmuskel mit der Hand umfasst, verfolgt man dessen Verlauf in Richtung Kopf und Vorhand, so weit es möglich ist. Man wird feststellen, dass der Muskel in Richtung Kopf sich stetig verjüngt, bis er unter seinem Nachbarmuskel, dem M. omotransversarius, verschwindet. In Richtung Oberarm taucht der Muskel etwa auf Höhe des Buggelenks ab und setzt am Oberarm an.

Wichtig ist zu erlernen, die Muskeln voneinander abzugrenzen und deren Verlauf kennenzulernen. Nur dann ist es möglich, mit der Muskulatur auch tatsächlich zu arbeiten und die Triggerpunkte zu finden.

Ist der M. brachiocephalicus gefunden und abgetastet, geht man auf die Suche nach den weiteren oberflächlichen Muskeln. Anfangs wird man hierzu ohne Anatomieatlas und die Hilfe eines erfahrenen Muskeltherapeuten wohl nicht auskommen. Doch die Kenntnis von Lage und Verlauf der Muskeln ist die Voraussetzung, um die Triggerpunkttherapie am Pferd anwenden zu können.

Von folgenden Muskeln müssen Lage, Verlauf und Funktion bekannt sein und am Pferd palpiert werden können:

- Armkopfmuskel (M. brachiocephalicus)
- Rautenförmiger Muskel (M. rhomboideus)
- Riemenmuskel (M. splenius)
- Kaumuskulatur (M. masseter)
- Trapezmuskel (M. trapezius)
- Schiefer Kopfmuskel (M. obliquus capitis)
- Schulter-Wirbelquerfortsatzmuskel (M. omotransversarius)
- Übergräten- und Untergrätenmuskel (M. supra- und infraspinatus)
- Unterer gesägter Rumpfmuskel (M. serratus ventralis thoracis)
- Dreiköpfiger Armmuskel (M. triceps brachii)
- Karpalgelenksstrecker (M. extensor carpi radialis)
- Tiefer und quer verlaufender Brustmuskel (M. pectoralis profundus und transversus)
- Langer Rückenmuskel (M. longissimus dorsi)
- Mittlerer und oberflächlicher Kruppenmuskel (M. gluteus medius und superficialis)
- Äußerer schiefer Bauchmuskel (M. obliquus externus abdominis)
- Spanner der Oberschenkelbinde (M. tensor fasciae latae)
- Zweiköpfiger Oberschenkelmuskel (M. biceps femoris)
- Halbhäutiger Muskel (M. semimembranosus)
- Halbsehniger Muskel (M. semitendinosus)
- Seitlicher Zehenbeuger (M. flexor digitorum lateralis)
- Zweiköpfiger Wadenmuskel (M. gastrocnemius)
- Schlanker Adduktorenmuskel (M. gracilis)

Manche Muskeln sind sehr flächig, sodass der Muskelbauch kaum sichtbar ist (Beispiel: Trapezmuskel). Hier ist es wichtig, dass man die Muskelränder erfühlen kann, um die Muskulatur abzugrenzen. Schon beim Abtasten der Muskeln wird man gegebenenfalls auch Unterschiede zwischen der linken und rechten Seite des Pferdes feststellen. Dies ist wiederum ein Hinweis darauf, dass die Muskulatur nicht gleichmäßig arbeiten kann.

Ein Vergleich eines Muskels von Pferd zu Pferd ist nicht praktikabel, vielmehr muss ein Muskel stets am selben Pferd im Seitenvergleich beurteilt werden.

1.2.4 Atrophien und Verspannungen aufspüren

Muskelprobleme können sich sehr unterschiedlich äußern. Es kommt darauf an, in welcher Region Einschränkungen bestehen, aber auch wie stark die Dysfunktionen sind. Daraus ergeben sich unterschiedliche Anzeichen.

Wichtige Hinweise für den Pferdebesitzer sind immer Veränderungen im Verhalten des Pferdes. Insbesondere wenn die Leistungsbereitschaft nachlässt, kann es sich um ernsthafte gesundheitliche Probleme handeln. Bietet das Pferd verschiedene Manöver nicht mehr an oder führt es diese nur ungenügend aus, sind dies ebenfalls mögliche Hinweise auf gesundheitliche Probleme. Oft finden Pferdebesitzer andere Gründe für die fehlende Leistungsbereitschaft: Das (warme oder auch nasskalte) Wetter muss oft als Erklärung herhalten. Chronische Unlust, schlechte Laune und weitere „vermenschlichte" Argumente finden sich immer, um ein ungewöhnliches Verhalten zu erklären.

MERKE

Verhält sich das Pferd ungewöhnlich, kann die Ursache in gesundheitlichen Problemen verborgen liegen und somit auch den Muskelstatus direkt oder indirekt beeinflussen.

Obwohl sicherlich auch Pferde ihre Launen haben, haben sie doch meist gute Gründe, wenn sie die Arbeit verweigern oder nur ungern absolvieren. Hier sollte man also genauer hinsehen. Die Muskulatur ist schließlich auch nicht immer die Ursache, sondern oft genug nur die Auswirkung. So können verspannte und schmerzhafte Muskelareale weitere Hinweise geben.

Um herauszufinden, ob und welche Muskeln Verspannungen aufweisen, tastet man diese vorsichtig ab. Manche Muskeln fühlen sich wie harte Stränge an, andere sind weich und nachgiebig. Hier muss man lernen zu differenzieren: Wie hoch ist der für dieses Pferd normale Muskeltonus? Handelt es sich um einen Muskel mit hohem Sehnenanteil? Fühlt sich der gleiche Muskel auf der anderen Körperhälfte ebenso an? Reagiert das Pferd mit einer Abwehrreaktion, wenn man auf den Muskelbauch drückt? Steht der Muskel gerade unter Anspannung?

Ein gesunder Muskel ist auf mäßigen Druck immer schmerzlos. Somit sind Abwehrreaktionen stets ein Alarmzeichen. Manchmal haben Pferde so starke Schmerzen, dass selbst das Putzen für sie nur schwer zu ertragen ist. Der Pferdebesitzer erkennt dies, wenn sein Pferd den Rücken wegdrückt, die Haut zittert (als würde es eine Fliege abwehren wollen), es die Ohren zurücklegt, mit den Beinen scharrt oder aufstampft, unruhig wird, mit dem Schweif schlägt oder gar zuschnappt. Unter dem Sattel zeigen sich muskuläre Probleme, wenn das Pferd taktunrein geht, „den Rücken nicht hergibt", gegen das Gebiss drückt, sich schlecht stellen oder biegen lässt, im Kreuzgalopp geht oder gewisse Lektionen verweigert.

Schmerzhafte Muskeln sind immer auch verspannt, weil sich das Pferd vor den Schmerzen schützen will. Die Verspannung erkennt man an einem mehr oder weniger ausgeprägten Hartspann im Muskel. Es kann sich auch nur um einen Punkt beziehungsweise ein erbsengroßes Knötchen handeln. Manchmal fühlt man eine Vertiefung oder auch nur eine Gewebeveränderung. Es kann sich dabei auch um eine Vernarbung aufgrund einer vorausgegangenen Verletzung handeln. Bei einer akuten Muskelverletzung fühlt man auch Wärme und gegebenenfalls eine Schwellung. Hier ist eine muskuläre Behandlung allerdings kontraindiziert, weil dies viel zu schmerzhaft für das Pferd wäre.

Manche Muskeln wie beispielsweise der Spanner der Oberschenkelbinde (M. tensor fasciae latae) haben starke, sehnige Strukturen, die sich hart anfühlen. Sie sind jedoch nicht schmerzhaft und deshalb auch nicht verspannt.

Zudem gibt es Pferde mit einem relativ hohen Muskeltonus. Diese Pferde neigen zwar mehr zu Verspannungen als andere mit einer weichen Muskulatur, die einen deutlich niedrigeren Grundtonus hat, dennoch müssen Muskeln mit einem hohen Tonus klar von einem verspannten Muskel abgegrenzt werden können.

Etwas Übung ist deshalb erforderlich, um verspannte Muskelareale ausfindig zu machen. Ebenso ist manchmal ein gutes Augenmaß erforderlich, um atrophierte oder teilatrophierte Muskeln aufzuspüren. Einen atrophierten Mus-

Dieses Pferd hat aufgrund einer vorausgegangenen Beckenverletzung eine ausgeprägte Muskelatrophie des M. tensor fasciae latae (Spanner der Oberschenkelbinde) sowie des M. quadriceps (Oberschenkelmuskel).

kel kennzeichnet zunächst die Eigenschaft, dass er in seiner Leistung deutlich eingeschränkt ist. Die einzelnen Muskelfasern sind dünner, sodass sich Kuhlen und Löcher dort bilden, wo diese eigentlich mit Muskelmasse ausgefüllt sein sollten. Diese Kuhlen sind sehr gut sichtbar.

Ein Klassiker für häufige Muskelatrophien ist der Trapezmuskel, insbesondere im thorakalen Anteil, der hinter dem Schulterblatt liegt. Viele Reitpferde weisen hier Atrophien, also „Löcher" auf. Eine Atrophie bedeutet den Verlust von Muskelmasse, die nicht durch zu wenig Training entsteht, sondern dadurch, dass der Muskel über eine sehr lange Zeitspanne schon verspannt ist. Ein verspannter Muskel ist nicht arbeitsfähig, sodass die Muskelmasse immer mehr abnimmt. Da hilft auch das beste Training nicht.

MERKE

Muskelatrophien entstehen nicht durch zu wenig Training, sondern aufgrund von Verspannungen und der damit verbundenen Muskelermüdung. Der Muskel ist somit in seiner Leistungsfähigkeit stark herabgesetzt. Da nützt auch kein verstärktes Training, solange der Muskel kontrakt ist.

Der Reiter kann noch so fleißig trainieren, der Muskel wird sich nicht aufbauen, solange dieser verspannt ist! Ein verspannter Muskel steht in Dauerkontraktion. Die Aktin- und Myosinfilamente schieben sich ineinander und lösen sich nicht mehr. Ein Muskel kann jedoch nur arbeiten, indem er sich anspannt und (durch seinen Gegenspieler) wieder entspannen lässt. Ist dies nicht der Fall, kann kein Muskelaufbau stattfinden, weil die Entspannungsphase fehlt. Eine Dauerkontraktion führt außerdem zu einer Muskelermüdung und schließlich zum Abbau der Muskelmasse – sprich zu einer Atrophie. Es können auch komplette Muskelstränge betroffen sein, deren Faserdurchmesser nun stetig kleiner wird und diese so zu einem „schwachen" Muskel werden. Wo ein ausgeprägter Muskelbauch sein sollte, sind sichtbare Umrisse eines Muskels verschwunden.

Der Weg aus dieser Misere ist, den Muskel zuerst wieder in eine arbeitsfähige Form zu bringen. Das bedeutet, dass die Muskelfasern entspannen müssen. Dies ist leider trainingstechnisch kaum zu bewerkstelligen, sondern kann nur manuell durch spezielle Massagegriffe erfolgen. Selbstverständlich ist es zudem notwendig, die jeweilige Ursache der Muskelverspannung abzustellen. Im Falle des atrophierten Trapezmuskels ist dies häufig ein unpassender Sattel, der hinter dem Schulterblatt auf den Muskel drückt und somit die Verspannungen, Schmerzen und letztendlich die Atrophie herbeigeführt hat.

Atrophien entstehen aber auch durch Traumen, beispielsweise bei Nervenverletzungen. So kennt man beim Pferd insbesondere Lähmungen aufgrund von Nervenverletzungen (Quetschungen oder Abrisse) des N. radialis und N. suprascapularis. Diese Nervenstränge ziehen an der Außenseite über das Schulterblatt beziehungsweise über den Radius und sind deshalb vor Stößen und Schlägen nicht genügend geschützt. Somit kann es zu Quetschungen oder Rissen des jeweiligen Nervs kommen. Die Folge sind Lähmungen der von diesen Nerven angesteuerten Muskeln, die daraufhin atrophieren. Die Regenerationsfähigkeit dieser Muskeln hängt eins zu eins davon ab, ob sich die Nerven wieder ausreichend erholen können.

DIE TRIGGER-PUNKTE

2.1 Was sind Triggerpunkte?

„Trigger“ kommt aus dem Englischen und bedeutet so viel wie „Auslöser“ oder „Abzug“ (zum Beispiel bei einer Pistole). Der Begriff Triggerpunkt beschreibt demzufolge hyperreaktive Zonen im Gewebe, in denen durch einen Reiz eine pathophysiologische Reaktion ausgelöst werden kann.

MERKE

Ein Triggerpunkt ist eine hyperreaktive Zone im Gewebe, der pathophysiologische Reaktionen hervorruft, wenn der Punkt (beispielsweise durch Druck) gereizt wird.

Ein Reiz auf einen Triggerpunkt kann durch Druck, Zug, Strom, Wärme, Kälte oder durch anderweitige Faktoren übertragen werden. Das Areal reagiert zunächst mit Schmerz und kann in weiter entfernten Gebieten zudem ebenfalls Schmerzen, Missempfindungen, aber auch vegetative Symptome (Schwitzen, Schwindel, Vasodilatation) oder motorische Phänomene (Schwäche, Koordinationsprobleme) hervorrufen. Man spricht hierbei von einem übertragenen Schmerz (referred pain – siehe Kap. 2.2.2).

Manchmal werden myofasziale Triggerpunkte mit Verspannungsarealen im Muskel gleichgesetzt, was allerdings zu Missverständnissen führen kann. Die Begriffe wie Myogelosen, Verhärtung, Verkrampfung oder Tenderpoint können nicht synonym verwendet werden, weil diesen Punkten und Arealen die typische Eigenschaft des ausstrahlenden Schmerzes fehlt. Die Triggerantwort grenzt den Triggerpunkt klar von anderen reaktiven Punkten und Zonen ab (siehe Kap. 2.1.2).

Übt man auf einen Triggerpunkt einen Reiz, beispielsweise per Fingerdruck, aus, löst man eine pathophysiologische Reaktion aus. Die Region ist extrem schmerzhaft, wobei der Schmerz auch in andere Regionen ausstrahlt. Zusätzlich kann es zu weiteren vegetativen Symptomen und motorischen Phänomenen kommen.

Ein Triggerpunkt kann in verschiedenen Geweben vorkommen, wobei die Lage eines Triggerpunkts unterschiedliche Phänomene hervorruft. So erzeugt nur der myofasziale Triggerpunkt ausstrahlende Schmerzen und ist fast immer an denselben Stellen lokalisiert. Dies ist der Grund, weshalb man von myofaszialen Triggerpunkten (Stresspunkte, die in der Muskulatur vorkommen) einen Katalog erstellen kann.

Im Prinzip können Triggerpunkte überall vorkommen, so beispielsweise in der Viscera (Organe), im Periost (Knochenhaut) und in den Knochen, Sehnen und Bändern, im Bindegewebe und in den Hautnerven. Ein Beispiel für einen visceralen Triggerpunkt ist der sogenannte „McBurney-Punkt", der bei einer Blinddarmentzündung (Appendizitis) des Menschen schmerzhaft reagiert. Der McBurney-Punkt liegt im Bauchraum auf einer Linie zwischen dem Bauchnabel und dem rechten vorderen, oberen Darmbeinstachel (Spina iliaca anterior superior). Die Triggerpunkte in anderen Geweben sind oft wechselnd und nicht konstant, im Gegensatz zu den myofaszialen Triggerpunkten (mTrP), die im Muskel-Fasziensystem vorkommen.

Der myofasziale Triggerpunkt ist aufgrund seiner häufig konstanten Lage manuell sehr gut auffindbar und behandelbar. Dennoch können sich Triggerpunkte auch im Muskel an verschiedenen Stellen manifestieren oder ein ganzes Areal quasi überschwemmen. So differenziert man verschiedene Formen von Triggerpunkten (siehe Kap. 2.1.1), deren Unterscheidung für den Behandlungsablauf von entscheidender Bedeutung ist.

Der mTrP liegt stets in einem hypertonen Muskelhartstrang, der palpatorisch gut von den normotonen Muskelfasern abgegrenzt werden kann.

MERKE

Für die Bezeichnung des Muskeltonus bedeuten die Begriffe:
Hyperton = übermäßige Grundspannung
Normoton = ausgeglichene Grundspannung
Hypoton = zu geringe Grundspannung.

Typisch für einen mit einem Triggerpunkt beladenen Muskelhartstrang ist, dass die Aktin- und Myosinfilamente in den Myofibrillen im Bereich des Triggerpunkts kontrakt sind, also stärker ineinandergeschoben. Im Ausgleich dazu sind die Sarkomere (= eine Einheit aus Aktin- und Myosinfilamenten in der Myofibrille) im muskulotendinösen Übergang verlängert. Dies ist der Grund dafür, weshalb ein triggerpunktbeladener Muskel zum einen kontrakt und damit nur verringert dehnfähig und zum anderen auch schwächer (durch die unterschiedlichen Längen der Sarkomere) ist. Für die Schwäche des Muskels ist möglicherweise zusätzlich die Minderdurchblutung durch die kontrakten Fasern verantwortlich.

2.1.1 Hyperreaktive Punkte und Zonen

Während es unterschiedliche Arten von Triggerpunkten gibt, die sich nach ihrer Lokalisation differenzieren, grenzt man auch innerhalb der myofaszialen Triggerpunkte verschiedene Formen voneinander ab. Für die Behandlung der Triggerpunkte ist es wichtig zu wissen, welchen Triggerpunkt man erspürt hat, um ein effizientes Ergebnis zu erzielen.

Zunächst unterscheidet man einen latenten von einem aktiven Triggerpunkt. Der Unterschied liegt darin, dass ein aktiver Triggerpunkt selbst in der Ruheposition Schmerzen

Triggerpunkte entstehen, wenn die Muskulatur überlastet ist. Eine muskuläre Überlastung kann relativ schnell durch Verletzungen, aber auch durch hohe sportliche Leistungen eintreten.

erzeugt. Ein latenter Triggerpunkt hingegen ist nur schmerzhaft, wenn man den Punkt palpiert. Die unterschiedliche Sensibilität der Punkte ist nicht stabil, das heißt, dass latente Triggerpunkte durch bestimmte Faktoren relativ schnell zu aktiven Triggerpunkten avancieren. Aktive Triggerpunkte können aber auch zu latenten Triggerpunkten werden, insbesondere wenn die Faktoren fehlen, die einen Triggerpunkt aufrechterhalten (siehe Kap. 4.1).

Beim Pferd können aktive Triggerpunkte von latenten nicht ganz so einfach differenziert werden wie beim Menschen, der seine Schmerzen verbal kommunizieren kann. Wenn man jedoch sensibel genug palpiert, kann man eine höhere Schmerzhaftigkeit bei einem aktiven Triggerpunkt feststellen. Der aktive Triggerpunkt ist auch derjenige, der den Leidensdruck deutlich erhöht, und hat deshalb oberste Priorität bei der Behandlung.

Als Nächstes unterscheidet man primäre und sekundäre Triggerpunkte. Der primäre Triggerpunkt entsteht direkt aufgrund einer muskulären Läsion wie beispielsweise einer Überdehnung oder Überlastung. Der sekundäre Stresspunkt hingegen entsteht infolge eines primären Triggerpunkts, allerdings meist in der antagonistischen oder synergistischen Muskulatur. Da der Muskel, in dem der primäre Triggerpunkt entsteht, überlastet ist, wird die Arbeit sowohl der Gegenspieler als auch der synergistischen Muskulatur beeinträchtigt. Die Synergisten haben aufgrund der Einschränkung des Nachbarmuskels mehr Arbeit zu leisten, um den angeschlagenen Muskel zu kompensieren. In Folge davon kommt es deshalb auch in diesem Muskel zu einer Überbeanspruchung, die wiederum Triggerpunkte zur Folge hat. Diese Triggerpunkte sind sekundär entstanden und regenerieren sich, sobald man die primären Triggerpunkte behandelt hat.

Durch primäre Triggerpunkte entstehen noch weitere, im Prinzip sekundäre Triggerpunkte, die aber nicht als solche bezeichnet werden. Die Rede ist von myofaszialen Satelliten-Triggerpunkten, die in der Zone entstehen, in der es zu ausstrahlenden Schmerzen kommt, sowie von verwandten Triggerpunkten. Beide Punktarten sind beim Pferd von sekundären Stresspunkten schwierig zu unterscheiden, lösen sich aber ebenfalls auf, wenn die primären Triggerpunkte erfolgreich behandelt worden sind. Bei den verwandten Triggerpunkten handelt es sich um kleinere mTrP im Bereich des primären Triggerpunkts. Primäre myofasziale Triggerpunkte sind prominenter, schmerzhafter und eindeutiger zu lokalisieren. Sie nehmen bei deren Auflösung die sekundären, Satelliten- und verwandten Triggerpunkte quasi mit.

Da ein Behandlungserfolg nur gegeben ist, wenn der primäre Triggerpunkt aufgelöst wird, ist es wichtig, die bevorzugte Lage der primären mTrP zu kennen und diese auch als solche zu spüren. Die Abgrenzung zu anderen Punkten und Punktsystemen ist in diesem Zusammenhang für eine adäquate Behandlungsstrategie von großer Wichtigkeit.

MERKE

Nur wenn der primäre Triggerpunkt behandelt wird, kann sich langfristig ein Behandlungserfolg einstellen, weil die Entstehung der sekundären Triggerpunkte von den primären abhängig ist.

2.1.2 Abgrenzung zu anderen Punktsystemen

Es kursieren unterschiedliche Begriffe für diverse Punkte und deren Behandlungsansätze in der therapeutischen Fachwelt. Häufig werden diese auch miteinander vermischt oder alternativ verwendet, was insbesondere den Laien verwirrt. Dies ist auch gar nicht verwunderlich, weil interessanterweise viele Punkte in ihrer Lokalisation übereinstimmen. Insbesondere kennt man die oft gleiche Lage von Trigger-, Tender- und Akupunkturpunkten. Trotzdem muss man diese Punkte klar voneinander trennen, weil sie anderen Systemen und Gesetzmäßigkeiten zugehören.

Bei all den angesprochenen Punkten handelt es sich um druckschmerzhafte Stellen am Körper, dennoch gibt es Differenzierungen. Lawrence H. Jones hat als Erster die Tenderpunkte beschrieben, die stets am Übergang vom Muskel zur Sehne liegen – daher erhielten diese Punkte auch ihre Bezeichnung. Die von Janet Travell entdeckten Triggerpunkte liegen oft ebenfalls am Muskel-Sehnen-Übergang, können aber auch überall im Muskel auftreten. Das wichtigste Unterscheidungsmerkmal zwischen Trigger- und Tenderpoints ist dadurch gekennzeichnet, dass der Triggerpunkt immer einen ausstrahlenden Schmerz zeigt, während

In den meisten Fällen ist die Lage der Triggerpunkte mit der Lokalisation von Akupunkturpunkten identisch: Der Triggerpunkt auf dem M. splenius capitis *ist derselbe wie der Akupunkturpunkt Gb 20 auf dem Gallenblasenmeridian (roter Punkt).*

der Tenderpoint lediglich ein lokales Schmerzempfinden auslöst.

Leider kann dieser ausstrahlende Schmerz beim Pferd nicht abgefragt werden, wodurch dieses Unterscheidungsmerkmal für die Diagnostik am Tier unbrauchbar ist. Deshalb zieht man die Muskelzuckungsantwort als Identifikation eines Triggerpunkts heran, die ebenfalls typisch – aber nicht zwingend – für einen Triggerpunkt ist (siehe Kap. 2.2.1). Auch die Behandlungsstrategie verfolgt innerhalb der Punktsysteme verschiedene Wege. Tenderpoints werden mithilfe einer indirekten Lagerungstechnik behandelt, die in der Osteopathie als Strain-Counterstrain-Technik bekannt ist. Triggerpunkte hingegen werden mit Druck, Injektionen, Massagegriffen und Dehnungen behandelt.

Tenderpunkte dienen in der Humanmedizin als Diagnoseinstrument, um Fibromyalgie festzustellen. Hierzu werden insgesamt 18 Tenderpoints auf dem Körper des Patienten gedrückt. Hiervon müssen 11 Punkte auf Druck schmerzhaft reagieren, um die Diagnose Fibromyalgie zu untermauern.

Das Equine Fibromyalgie-Syndrom (EFMS) ist hingegen schwer zu diagnostizieren, weil es keine charakteristischen Nachweismethoden gibt. Zu den häufigsten Symptomen gehören unspezifische Lahmheiten, aber auch Verhaltensänderungen. Bei Pferden mit EFMS können viele verschiedene Symptome auftreten wie Nervenprobleme, endokrine Störungen und chronische Müdigkeit.

Mit bis zu 95 Prozent stimmt die Lokalisation von Akupunkturpunkten mit der Lage der Triggerpunkte überein – so ist es in verschiedenen Studien zu lesen. Die Akupunktur ist jedoch als System auf völlig anderen Kriterien aufgebaut.

Es handelt sich um eine energetische, regulative Therapieform, während das Triggerpunktsystem rein strukturellen Gesetzen folgt. Dennoch ist eine Verbindung und Verflechtung der beiden Systeme nicht von der Hand zu weisen. Ein ganzheitlich denkender Therapeut wird sich dieser Tatsache auch nicht verschließen, sondern diese vielmehr therapeutisch nutzen und gegebenenfalls „zwei Fliegen mit einer Klappe schlagen". Während der Triggerpunkt eine strukturelle Behandlung mit einem Fingerdruck erfährt, kann gleichzeitig der Akupunkturpunkt – in diesem Fall mithilfe der Akupressur – einen energetischen Impuls erhalten.

MERKE

Die Lage der Triggerpunkte stimmt häufig mit anderen Punkten wie Tenderpoints und Akupunkturpunkten überein. Trigger- und Akupunkturpunkte haben mit bis zu 95 Prozent eine sehr hohe Überlagerungsquote.

Die hohe Übereinstimmung von Akupunktur- und Triggerpunkten legt die Vermutung nahe, dass es sich tatsächlich um dieselben Punkte handelt, die jedoch in unterschiedlicher Vorgehensweise behandelt werden. Abweichungen ergeben sich eventuell auf nicht exakt lokalisierbare Punkte, denn insbesondere in der Akupunktur gibt es über die Lage bestimmter Punkte unter den Experten nicht immer eine Übereinstimmung. Eine exakte Lagebeschreibung wird zudem erschwert, da die Anatomie gewissen Abweichungen unterworfen ist, sodass die Lokalisation der Punkte von Individuum zu Individuum durchaus unterschiedlich sein kann. Aus diesem Grund kann ein Trigger- oder Akupunkturpunkt auf dem Pferdekörper nicht mit dem Maßband „eingemessen" werden, sondern muss immer noch durch Palpation in dem vermuteten Gebiet gesucht werden.

2.2 Kennzeichen von Triggerpunkten

Um einen Triggerpunkt zu identifizieren, müssen bestimmte Kriterien erfüllt sein. Bei der tiefen Palpation spürt man zunächst immer einen harten Strang, da Triggerpunkte stets auf einem kontrakten Muskelstrang lokalisiert sind. Diesen Muskelstrang verfolgt man nun entlang seiner Muskelfaserrichtung, bis man auf eine sehr sensible, stark druckdolente Region stößt. An der schmerzhaftesten Stelle sitzt der primäre Triggerpunkt, den es nun zu behandeln gilt.

Der Behandler muss jedoch sicherstellen, dass er tatsächlich den gesuchten Triggerpunkt gefunden hat und keine anderweitig schmerzhafte Stelle. So kann eine Verletzung in Form einer Muskelprellung natürlich ebenfalls zu einem Muskelhartstrang führen, der aufgrund eines Hämatoms zusätzlich extrem schmerzhaft ist. In anderen Fällen stößt man vielleicht auf ein sensibles Nervengeflecht, worauf das Pferd mit einer Schmerzreaktion antwortet. Es ist dem Pferd sicherlich nicht angenehm, wenn man auf einen Nervenstrang drückt und diesen mit Friktionen gegebenenfalls noch intensiv reizt. Hier besteht durchaus die Möglichkeit, dass das Pferd seinen Unmut mit Ausschlagen oder Beißen quittiert.

Aus diesen Gründen ist es wichtig, Triggerpunkte von anderen Punkten unterscheiden zu können. Dies geschieht anhand von typischen Kennzeichen, die Triggerpunkte aufweisen. Diese sind in erster Linie die starke Druckdolenz, ein ausstrahlender Schmerz sowie die Muskelzuckungsantwort.

2.2.1 Schmerzhaftigkeit

Das erste Kriterium des myofaszialen Triggerpunkts ist seine Druckdolenz. Je nachdem, wie tief der Triggerpunkt im Gewebe sitzt, reagieren die Pferde bereits auf einen leichten Druck oder erst, wenn man mit dem Finger in die Tiefe palpiert hat. Starke Schmerzen empfindet das Pferd, wenn es bereits beim Putzen den Rücken wegdrückt, mit dem Schweif schlägt oder unruhig steht. Manche Pferde vermeiden jegliche Berührung und lassen sich deshalb nur widerwillig anfassen. Bei diesen Pferden sollte man einen Spezialisten hinzuziehen und die Hypersensibilität abklären lassen. Es könnten sich auch schwere Krankheitsbilder hinter dieser Symptomatik verbergen.

Grundsätzlich ist ein Triggerpunkt auf Druck stark schmerzhaft, sekundäre myofasziale Triggerpunkte reagieren weniger schmerzhaft. Latente Triggerpunkte könnten aktiviert werden und sich ebenfalls druckdolent zeigen. Der primäre Stresspunkt grenzt sich von den sekundären immer dadurch ab, dass er prominenter und somit auch schmerzhafter erscheint.

2.2.2 Ausstrahlender Schmerz

In der Humanmedizin ist der ausstrahlende Schmerz (referred pain) der Beweis für einen myofaszialen Triggerpunkt. Dabei breitet sich der Schmerz bei Druck auf den Stresspunkt in einer ziehenden, „hellen" Qualität vom Triggerpunkt ausgehend in die Peripherie fort. Dabei folgt der Schmerzweg den Meridianverläufen, wobei diese Tatsache nicht verwunderlich ist, wenn man den Bezug zur Akupunktur bereits kennt. Zudem ziehen die Meridiane in der Regel in Muskelfaserrichtung durch den Körper.

Die Schmerzen manifestieren sich schließlich häufig in einem bestimmten Gelenk, so kann die Schmerzweiterleitung eines Triggerpunkts auf dem Trapezmuskel ein Stechen oder Ziehen im Kiefergelenk auslösen. Er kann – je nach Lage des Triggerpunkts auf dem Trapezmuskel – ebenso in den Nacken oder Kopf ausstrahlen. Insbesondere manifestiert sich der Schmerz über den Augen, aber auch entlang der oberen Halswirbelsäule. Schmerzen können allerdings genauso gut ins Schulterblatt und Schultergelenk abgeleitet werden.

Ebenso ist der Triggerpunkt mit inneren Organen assoziiert, so kann ein Trapezmuskelstresspunkt auf Störungen in der Leber oder im Magen hindeuten. Hierbei können muskuläre Stresspunkte sowohl die Auslöser von Störungen der Viscera als auch die Folgen davon sein. Störfaktoren beeinflussen sich über das Nervensystem stets gegenseitig. Triggerpunkte bleiben deshalb aktiv, wenn der auslösende Faktor nicht

Der Triggerpunkt auf dem Trapezmuskel ist gleichzeitig mit Störungen der Organe Magen oder Leber assoziiert. Dabei beeinflussen sich die Organe und der myofasziale Triggerpunkt gegenseitig.

eliminiert werden kann. Wird die Ursache nicht beseitigt, bilden sich Triggerpunkte innerhalb kürzester Zeit erneut.

MERKE

Ein myofaszialer Triggerpunkt muss nicht zwingend auf ein muskuläres Problem hinweisen, sondern kann auch Erkrankungen der inneren Organe andeuten, da Stresspunkte mit der Viscera assoziiert sind.

Leider kann ein Pferd dem Menschen keine direkte Auskunft über seine ausstrahlenden Schmerzen geben. Gegebenenfalls kann es unterschiedliche Reaktionen zeigen, je nachdem, in welches Gebiet der Schmerz zieht. Drückt man beispielsweise einen primären Triggerpunkt im Trapezmuskel, könnte das Pferd zusätzlich mit Kopfschütteln oder Hochwerfen des Kopfes reagieren, weil es den Schmerz nicht nur lokal, sondern auch als „referred pain" im Kopf spürt.

Ein weiteres Beispiel zeigt der Triggerpunkt im M. tensor fasciae latae: Der Triggerpunkt unterhalb des Hüfthöckers (Tuber coxae) hat einen Bezug zum Knie, wie der Muskelverlauf schon vermuten lässt. Somit können unklare Knieschmerzen möglicherweise auf einen aktiven Triggerpunkt im M. tensor fasciae latae zurückzuführen sein. Löst man den Triggerpunkt auf, sind auch die Knieschmerzen verschwunden.

Unklare Lahmheiten können deshalb von aktiven Triggerpunkten ausgelöst werden. Selbstverständlich gibt es aber noch viele weitere Gründe, die (diffuse) Lahmheiten verursachen können.

2.2.3 Muskelzuckungsantwort

Ein typisches Kriterium eines myofaszialen Triggerpunkts ist die lokale Muskelzuckungsantwort (local twitch response). Palpiert man mit den Fingern einen Triggerpunkt, kommt es häufig zu mehr oder weniger starken Muskelzuckungen, ähnlich der Reaktion, wenn sich eine Fliege auf das Fell des Pferdes setzt. In der Regel ist die Muskelzuckung örtlich begrenzt, kann sich aber auch an weiter entfernten Stellen zeigen. Hier spielen die Übertragungsparameter wiederum eine wichtige Rolle.

Die Muskelzuckung kann nicht immer ausgelöst werden, jedoch sehr häufig und ist deshalb beim Pferd – aufgrund des nicht ausreichenden Feedbacks bezüglich des übertragenen Schmerzes – das wichtigste diagnostische Instrument zur Identifikation eines Triggerpunkts. Während in der Humantherapie der local twitch response nicht zu den essenziellen Diagnosekriterien gehört, weil er eben nicht zuverlässig ausgelöst werden kann, sind die Mikrokontraktionen das sicherste Anzeichen, um einen Triggerpunkt beim Pferd zu diagnostizieren.

Dennoch muss man bei der Palpation exakt vorgehen, damit es zu keinen Verwechslungen mit durch Fliegen oder feinen Berührungen ausgelösten Hautmuskelreaktionen kommt. Insbesondere im Sommer, wenn kaum ein Stall fliegenfrei gehalten werden kann, ist bei empfindlichen Pferden die Diagnostik für ungeübte Behandler dann schwierig. Zwar kann man die Muskelreaktionen durchaus differenzieren, weil eine Fliege die oberflächlichen Hautmuskeln in Zuckung versetzt, ein Triggerpunkt hingegen die tiefer liegende Bewegungsmuskulatur; dennoch kann es für den weniger versierten Therapeuten schwierig werden, die Muskelreaktionen einzustufen.

2.3 Der Triggerpunktkatalog

Obwohl Triggerpunkte überall im Muskel, im Periost oder in Faszien auftreten können, gibt es beim Pferd bestimmte Stellen, an denen sich häufiger Triggerpunkte manifestieren als andernorts. Diese Regionen abzutasten, ist ein herausragendes Mittel, um das gesamte Pferd zu „screenen" und somit innerhalb kürzester Zeit einen muskulären Status des Tieres zu bekommen. Während beim Menschen ein Triggerpunktkatalog von über 250 Triggerpunkten existiert, wurden beim Pferd bislang erst 30 häufig auftretende Triggerpunkte und -areale lokalisiert. Vorreiter der Triggerpunkttherapie am Pferd war Jack Meagher, ein Pionier auf dem Gebiet der Sportmassage. Er stellte bereits eine Übersicht von 25 Triggerpunkten zusammen.

Scannt man ein Pferd mithilfe der 30 dargestellten Punktareale ab, kann man innerhalb von wenigen Minuten eine umfassende Befundung des Muskelzustands erhalten. Für die Behandlung jedoch gilt, dass ein gefundener Triggerpunkt dazu veranlassen muss, den gesamten Muskel intensiv auf weitere Triggerpunkte abzuscannen. Insbesondere die dargestellten Triggerareale sind meist mit mehreren primären, aktiven Triggerpunkten in Reihe durchsetzt.

Übersicht der 30 häufig vorkommenden Triggerpunkte und -areale am Pferd.

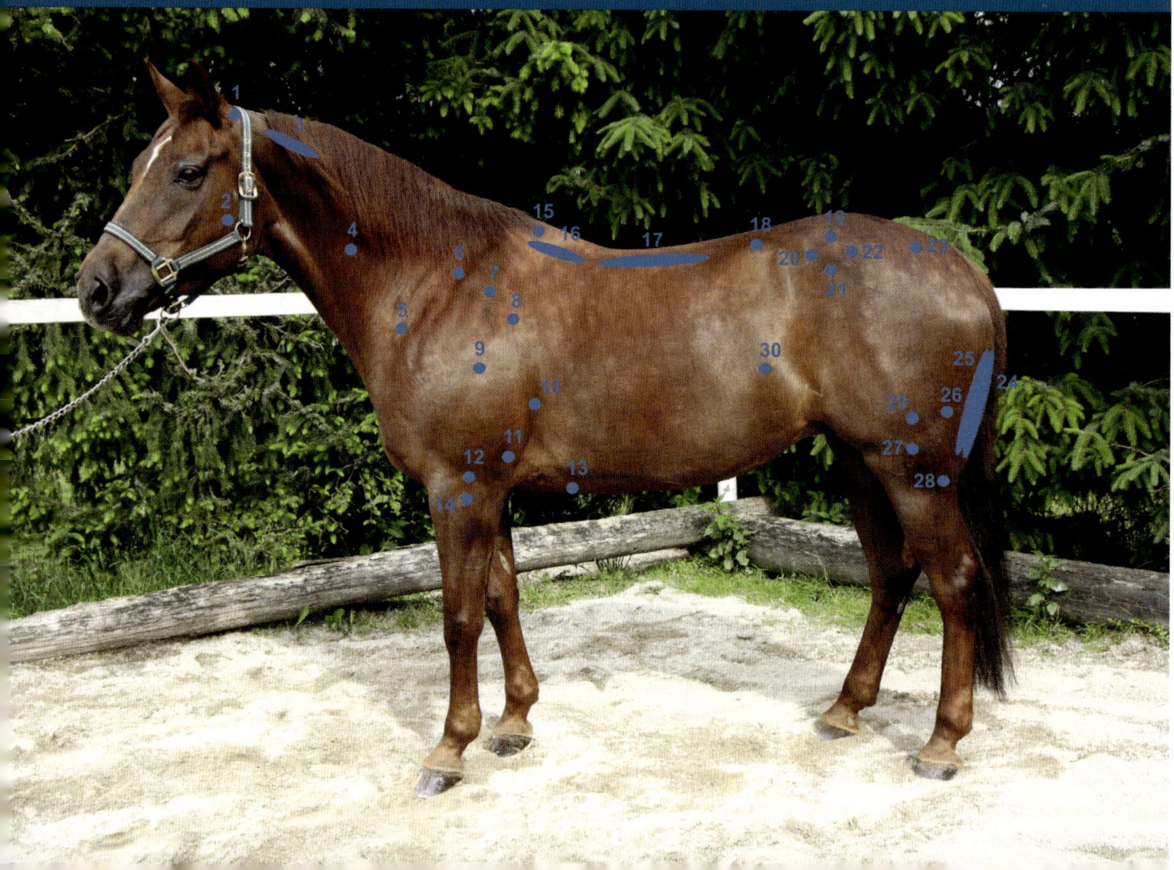

MERKE

Triggerpunkte sind ein herausragendes Instrument, um den aktuellen Muskelstatus eines Pferdes innerhalb kurzer Zeit festzustellen.

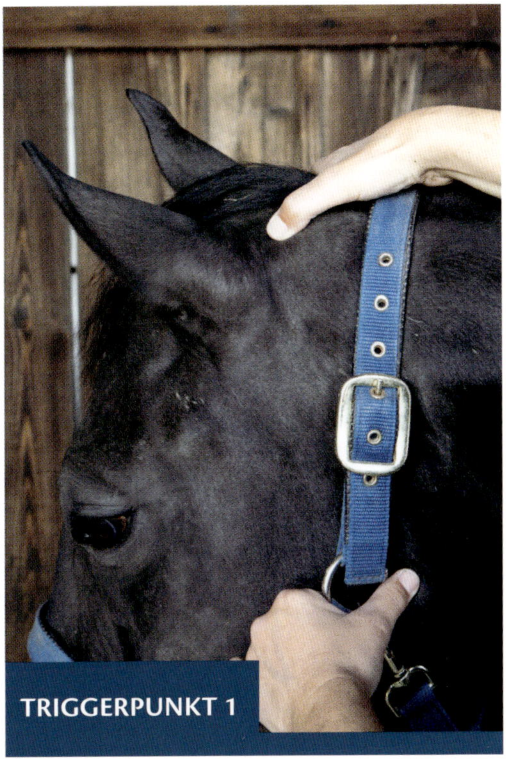

Der Triggerpunkt 1 (mTrP1) liegt knapp hinter der Ohrbasis auf dem M. splenius capitis.

2.3.1 TRIGGERPUNKT 1: M. splenius capitis

Ursprung, Ansatz, Aufgabe: Der Riemenmuskel des Kopfes (M. splenius capitis) hat mit dem M. splenius cervicis einen gemeinsamen Ursprung an den Dornfortsätzen der Brustwirbel 3 bis 5 (Widerrist). Der M. splenius capitis liegt oberhalb seines synergistischen Partners M. splenius cervicis und hat zudem das Nackenband (Lig. nuchae) als Ursprung. Der Riemenmuskel zieht an der Oberkante des Halses (Mähnenkamm) entlang bis zum Genick und setzt am Hinterhauptsbein (Crista nuchae), am Mastoid sowie an den Querfortsätzen des dritten bis fünften Halswirbels an. Seine Aufgabe ist die Hebung sowie die seitliche Beugung des Kopfes und Streckung des Genicks.

Punktlokalisation: Der Triggerpunkt des M. splenius capitis sitzt direkt hinter der Ohrbasis. Man spürt einen festen Strang, indem man seinem Verlauf folgt, bis man den schmerzhaften Punkt erreicht hat. Der Triggerpunkt sitzt meist am Muskel-Sehnen-Übergang.

Symptome: Reit- und Stallhalfter können den gestressten Bereich im Nacken so stark irritieren, dass ein latenter Triggerpunkt sehr schnell aktiv werden kann. Die Pferde lassen sich ungern aufzäumen, drehen den Kopf zur Seite, wenn man sie im Genick- und Ohrenbereich anfassen möchte, und zeigen unter dem Sattel keine ausreichende Nachgiebigkeit im Genick.

Der Triggerpunkt kann aktiv werden, wenn der Reiter eine unnachgiebige Hand hat und am Zügel zieht. Die Beugung des Kopfes ist eingeschränkt, das Pferd streckt den Kopf gern nach vorn oder oben. Sobald es die Gelegenheit bekommt, taucht es mit dem Kopf nach unten ab und zieht dem Reiter die Zügel aus der Hand.

Behandlungshinweise: (bitte Kap. 3 beachten!)

1. Direkter Fingerdruck, bis das Gewebe spürbar weicher wird.

2. Massage per Querfriktion.
3. Dehnung durch Karottenübung: Leckerli im Bereich der Brust anbieten.

Präventionsmaßnahmen und Trainingshinweise: Die Schulung der Reiterhand hat absolute Priorität, um den Triggerpunkt langfristig aufzulösen. Die Pferde sollten nicht dauerhaft ein Stallhalfter tragen. Es empfiehlt sich, dass drückende Reitzäume mit Lammfell oder anderen geeigneten Polstermaterialien unterlegt werden. Hebelarmgebisse sollten grundsätzlich tabu sein.

2.3.2 TRIGGERPUNKT 2: M. masseter

Ursprung, Ansatz, Aufgabe: Der Kaumuskel (M. masseter) liegt auf dem Unterkiefer und verläuft von der Jochbeinleiste ausgehend (Ursprung) bis zum gesamten unteren Rand des Unterkiefers. Die Ursprungs- und Ansatzflächen sind sehr breit angelegt. Somit handelt es sich um einen flächigen Muskel, auf dem mehrere Triggerpunkte lokalisiert sein können.

Die Aufgabe des Kaumuskels besteht darin, den Unterkiefer zum Oberkiefer zu ziehen. Spannt der Muskel beidseits an, schließt das Pferd sein Maul. Bei einseitiger beziehungsweise nicht synchroner Anspannung führt das Pferd Mahlbewegungen aus.

Punktlokalisation: Der Triggerpunkt wird meist etwa mittig auf dem Unterkieferast, häufig etwas höher in Richtung Muskelursprung, nahe der Jochbeinleiste lokalisiert.

Symptome: Der Triggerpunkt des M. masseter ist dafür prädestiniert, bei Gebissproblemen und Zahnanomalien zu reagieren. Die häufigsten Zahnprobleme sind Haken, aber auch Blockierungen des Kiefergelenks, beispielsweise durch eine Diskusverlagerung. Kiefergelenksblockierungen und Zahnhaken bedingen sich gegenseitig, sind darum möglichst zeitgleich zu behandeln (Zahnhaken: Tierarzt, Kiefergelenksblockierungen: Osteopath).

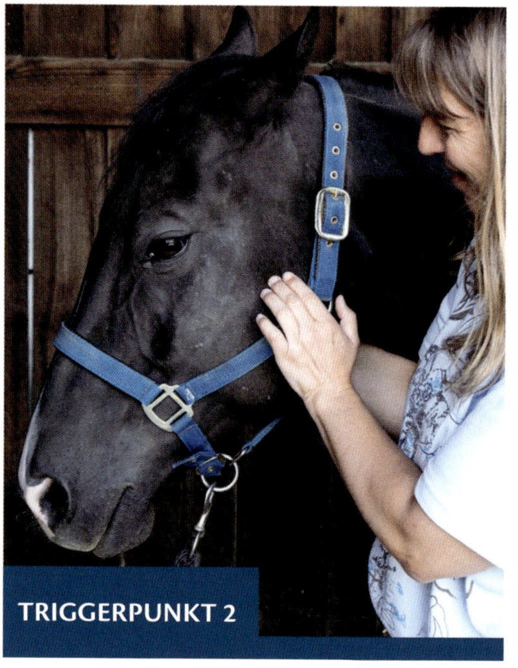

Der Triggerpunkt 2 liegt mittig auf dem M. masseter.

Eine harte Reiterhand verursacht ebenfalls eine Verspannung des Massetermuskels, aber auch diverser Stress (Training, Fütterung, Haltung etc.) kann ein Grund hierfür sein.

Reiter klagen häufig über ein unnachgiebiges Maul, manchmal beißen die Pferde auf das Mundstück und reagieren mit Zähneknirschen.

Behandlungshinweise:
(bitte Kap. 3 beachten!)
1. Direkter Fingerdruck, bis das Pferd entspannt.

2. Massage per Querfriktion.
3. Dehnung durch Auseinanderziehen des Hartspannstrangs mit den Fingern.

Präventionsmaßnahmen und Trainingshinweise: Der Reiter muss sehr darauf achten, dass Zaumzeug und Mundstück passen und eine regelmäßige Zahnkontrolle stattfindet. Eventuell kann ein Wechsel zu einer gebisslosen Zäumung in Ausnahmefällen ein positives Ergebnis bringen. Wahrscheinlicher jedoch ist eine unsensibel einwirkende Reiterhand die Ursache von aktiven Triggerpunkten im Massetermuskel.

Verschiedene Stressfaktoren könnten mit die Ursache sein, deshalb sollten Haltungsbedingungen, Fütterung und die Trainingsbedingungen unter die Lupe genommen und gegebenenfalls abgeändert werden.

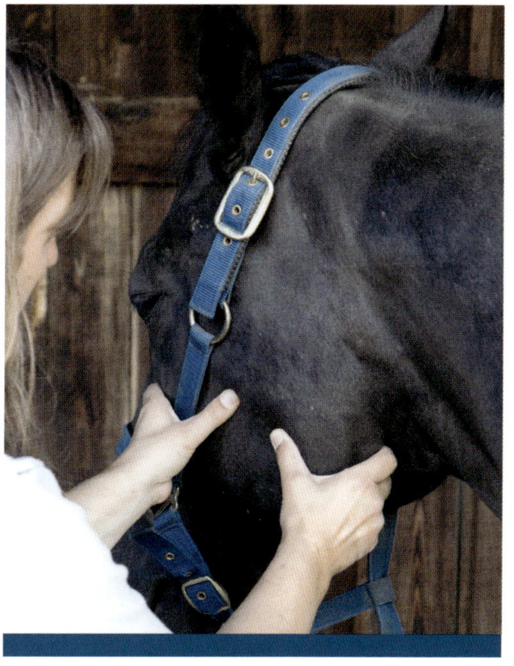

Die Dehnung des M. masseter initiiert man, indem man die Muskelfasern mit den Daumen in Richtung des Faserverlaufs auseinanderzieht.

2.3.3 TRIGGERAREAL 3: M. obliquus capitis caudalis

Ursprung, Ansatz, Aufgabe: Der M. obliquus capitis caudalis fungiert als Kopfrotator und bewegt den Atlas (erster Halswirbel) um den Dens axis (Knochenvorsprung des zweiten Halswirbels). Somit kann das Pferd den Kopf schütteln. Der Kopfrotator hat seinen Ursprung am zweiten Halswirbel, insbesondere an dessen Dornfortsatz, aber auch am Wirbelkörper. Der Muskel findet seinen Ansatz am Atlasflügel. Die Muskelfasern des M. obliquus capitis caudalis verlaufen etwas schräg nach vorn-unten, um bei Anspannung eine Rotation herbeiführen zu können.

Punktlokalisation: Der Triggerpunkt ist seitlich am Hals hinter dem Atlasflügel im Bereich zwischen Atlas und Axis zu finden.

Symptome: Klassisch für einen aktiven Triggerpunkt im M. obliquus capitis caudalis ist eine schiefe Kopfhaltung, die sich sowohl auf der Weide als auch unter dem Reiter zeigen kann. In den meisten Fällen berichten die Reiter auch davon, dass sich die Pferde im Genick verwerfen und sich auf eine Seite nicht oder schlecht stellen lassen.

Behandlungshinweise: (bitte Kap. 3 beachten!)
1. Direkter Daumendruck, bis das Gewebe spürbar weicher wird.
2. Massage mittels Querfriktion.
3. Dehnung durch Karottenübung: Leckerli auf der gegenüberliegenden Halsseite anbieten.

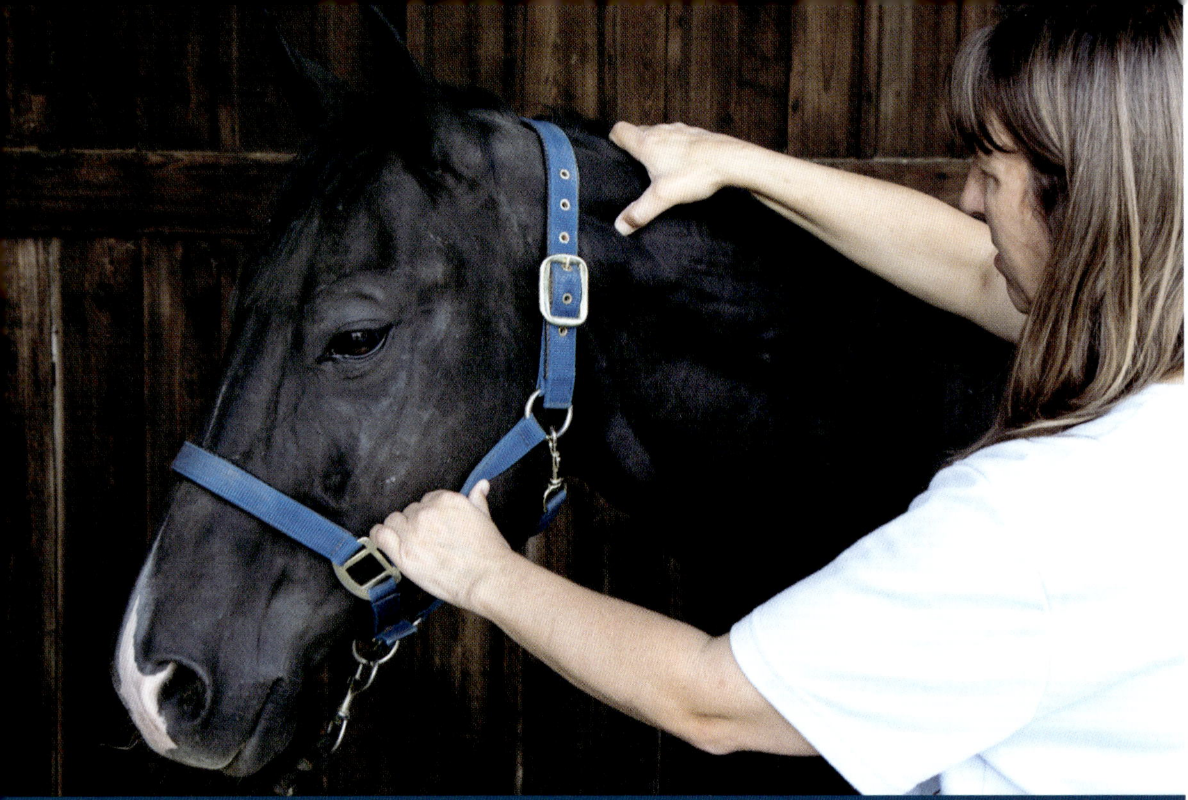

Auf dem M. obliquus capitis caudalis liegt ein ganzes Triggerareal (mTrA 3) in einer Vertiefung entlang des Muskelverlaufs im Bereich zwischen erstem und zweitem Halswirbel.

Präventionsmaßnahmen und Trainingshinweise: In erster Linie sollte der Pferdebesitzer eine Zahnkontrolle und gegebenenfalls eine Zahnbehandlung durch den Tierarzt durchführen lassen. Zahnprobleme manifestieren sich immer in der umgebenden Muskulatur und wirken sich auch auf das Genick und die Halsmuskeln aus.

Der Reiter sollte auf eine korrekte Stellung achten, wobei er den äußeren Zügel gut anstehen lassen muss. Zudem sollte überprüft werden, ob die Zügellänge gleich ist und die Einwirkung beider Hände nicht mit unterschiedlicher Krafteinwirkung erfolgt. Wichtig ist beim Reiten, dass das Pferd nach spätestens zehn Minuten eine Entspannungsphase am losen Zügel erhält, damit der Muskel nicht „einsteift".

Die meisten Probleme in dieser Muskelpartie resultieren aus falschem Reiten mit fehlerhafter Kopfeinstellung (Hyperflexion) oder allgemein harter Handeinwirkung.

In seltenen Fällen kann auch ein ungünstiges Fütterungsmanagement die Ursache für Triggerpunkte im M. obliquus capitis caudalis sein. Insbesondere wenn die Pferde ihren Kopf beim Fressen dauerhaft hoch- oder schiefhalten müssen (zu hoch angebrachte Futterraufe beziehungsweise senkrecht angebrachte Raufengitter).

2.3.4 TRIGGERPUNKT 4: M. brachiocephalicus

Ursprung, Ansatz, Aufgabe: Der bei Reitern nicht unbedingt beliebter Unterhals wird durch den Arm-Kopf-Muskel (M. brachiocephalicus) gebildet, wenn dieser stark ausgeprägt in Erscheinung tritt. Der Muskel wirkt prominent, wenn die Fasern kontrakt sind. Dies geschieht bei ständiger zu hoher Kopfhaltung des Pferdes, oft iniziiert durch eine harte Reiterhand.

Der M. brachiocephalicus setzt sich aus den Anteilen M. cleidocephalicus und M. cleidobrachialis zusammen. Sie haben ihren gemeinsamen Ursprung am sogenannten Klavikularstreifen (Schlüsselbeinstreifen), der sich etwa auf Höhe des vierten Halswirbels befindet. Der M. cleidocephalicus setzt am Mastoid an, während der M. cleidobrachialis am Oberarm seinen Ansatz findet.

Ansatzstellen und Verlauf des Muskels lassen seine Funktion gut erkennen: Der Arm-Kopf-Muskel hilft dabei, die Vordergliedmaße nach vorn zu führen, unterstützt die Kopfrotation und dessen Beugung.

Der Triggerpunkt 4 liegt auf Höhe des Klavikularstreifens des Arm-Kopf-Muskels (M. brachiocephalicus).

Punktlokalisation: Der Triggerpunkt sitzt im Bereich des Klavikularstreifens in der Mitte des Muskels, meist im Verlauf der Drosselrinne. Wenn man feinfühlig palpiert, kann man einen härteren Gewebestrang ertasten, der als sehniger Klavikularstreifen identifiziert werden kann. Am Muskel-Sehnen-Übergang ist der Triggerpunkt zu suchen.

Symptome: Ein kontrakter Arm-Kopf-Muskel zeigt sich als Unterhals, das Pferd trägt den Kopf sehr hoch, ist unnachgiebig im Genick und hat wenig Raumgriff. Die Pferde neigen zum „Zackeln" und haben Schwierigkeiten, sich zu entspannen.

Behandlungshinweise:
(bitte Kap. 3 beachten!)

1. Direkter Fingerdruck, bis das Gewebe spürbar weicher wird.
2. Massage anhand von Querfriktion, C-Griff und Kompression.
3. Dehnung durch Karottenübung: Leckerli im Bereich der gegenüberliegenden Schulter anbieten.

Präventionsmaßnahmen und Trainingshinweise: Das Pferd sollte so häufig wie möglich dazu animiert werden, den Kopf zu senken. Die Futtergabe ist stets auf Bodenhöhe zu verabreichen, beim Reiten ist auf regelmäßiges Vorwärts-abwärts-Reiten vor, während, zwischen und nach den jeweiligen Übungseinheiten zu achten. Hilfszügel sind keine dauerhafte Lösung, vielmehr muss eine feine Hand erarbeitet werden, die dem Pferd Vertrauen in die Reiterhand geben kann. Im Zuge der Entwicklung einer weichen Reiterhand ist auf eine vermehrte Schubentwicklung aus der Hinterhand zu achten.

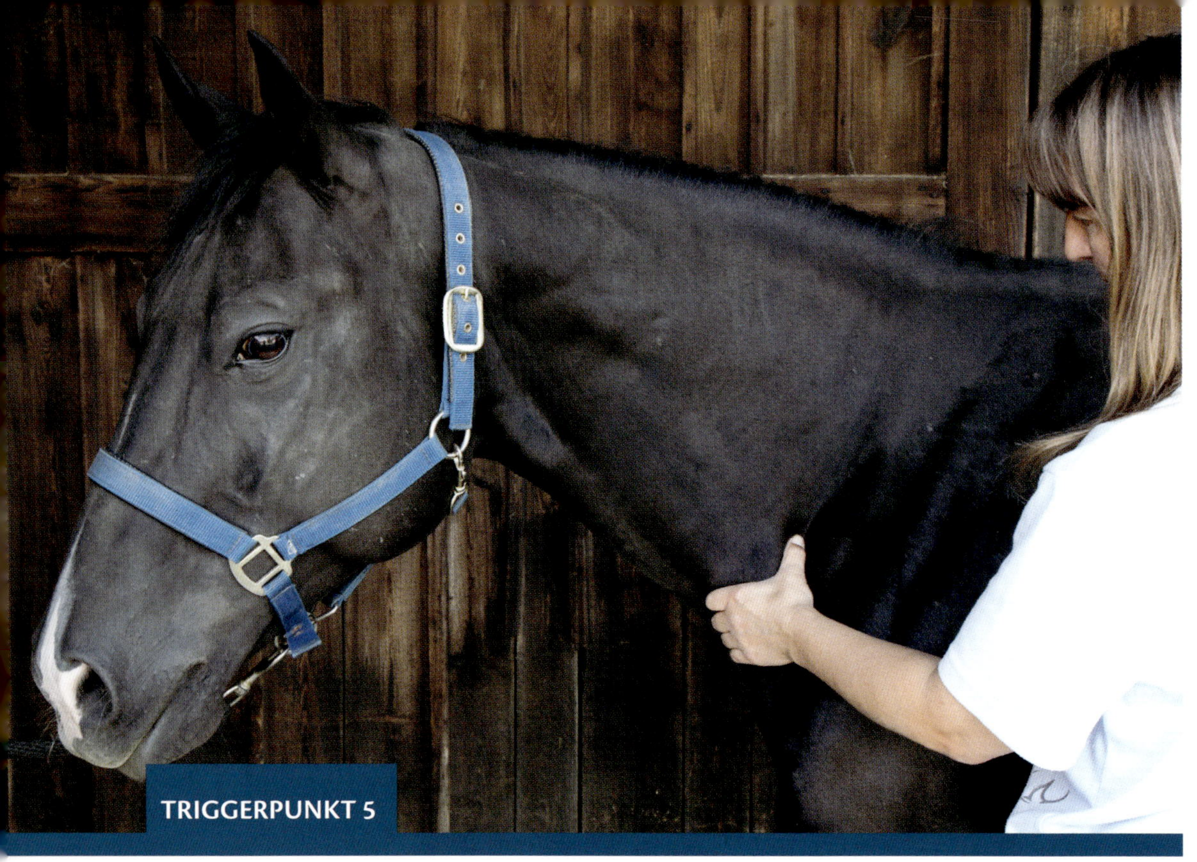

Etwa auf Höhe des siebten Halswirbels ist der Triggerpunkt 5 auf dem M. omotransversarius zu finden.

2.3.5 TRIGGERPUNKT 5: M. omotransversarius

Ursprung, Ansatz, Aufgabe: Oberhalb des Arm-Kopf-Muskels liegt im parallelen Verlauf der M. omotransversarius. Er hat seinen Ursprung an der Oberarmfaszie knapp unterhalb des Buggelenks und setzt an den Querfortsätzen des zweiten bis vierten Halswirbels an. Der M. omotransversarius ist mit dem Arm-Kopf-Muskel verbunden, wodurch diese beiden Muskeln synergistisch arbeiten. Der M. omotransversarius führt die Vordergliedmaße ebenfalls nach vorn. Zudem beugt er den Hals seitlich.

Punktlokalisation: Wenn man am vorderen Rand des Schulterblatts von oben nach unten abstreicht, spürt man ungefähr auf Höhe des siebten Halswirbels eine Kuhle. Direkt oberhalb liegt der Triggerpunkt auf dem Muskel-Sehnen-Übergang des M. omotransversarius.

Symptome: Häufig ist die verbindende Faszie zum benachbarten Arm-Kopf-Muskel verklebt. Durch die synergistische Arbeit treten äquivalente Probleme (Stellungsprobleme, fehlender Raumgriff) wie beim M. brachiocephalicus auf. Aufgrund der seitlichen Beugefunktion des Halses ist insbesondere die Stellung und Biegung des Pferdes eingeschränkt, wenn der Muskel beidseits kontrakt ist, was häufiger der Fall ist als eine einseitige Einschränkung. Die Verspannung auf nur einer Seite tritt entweder bei einem ungleichen Handeinsatz auf oder durch ein Trauma. In diesem Fall berichtet der Reiter von einer einseitigen Stellungs- und Biegeproblematik.

Behandlungshinweise:
(bitte Kap. 3 beachten!)

1. Direkter Fingerdruck, bis das Gewebe spürbar weicher wird.
2. Massage per Querfriktion.

3. Dehnung durch Karottenübung: Leckerli im Bereich der gegenüberliegenden Schulter anbieten.

Präventionsmaßnahmen und Trainingshinweise: Auch hier gelten dieselben Regeln wie beim Arm-Kopf-Muskel, um einen kontrakten Muskel dauerhaft zu lösen: Nach erfolgter manueller Behandlung sollte das Pferd regelmäßig vorwärts-abwärts geritten, bei Bedarf den Fokus auf die Entwicklung einer nachgiebigen Reiterhand gerichtet und der Schub aus der Hinterhand gefördert werden.

2.3.6 TRIGGERPUNKT 6: M. supraspinatus

Ursprung, Ansatz, Aufgabe: Der M. supraspinatus beziehungsweise Übergrätenmuskel liegt – wie der Name schon verrät – oberhalb der Schulterblattgräte (spina scapulae). Sein Ursprung liegt an der spina scapulae, hauptsächlich aber an der Supraspinatusgrube unterhalb des Schulterblattknorpels. Hier strahlt auch der M. subclavius, der über das Buggelenk zum Brustbein zieht, in den Supraspinatus mit ein. Beide Muskeln arbeiten synergistisch, um das Schultergelenk zu strecken und vor allem zu stabilisieren.

Punktlokalisation: Der Triggerpunkt befindet sich direkt auf dem Muskelbauch, unmittelbar vor der Schulterblattgräte im oberen Drittel des Schulterblatts.

Symptome: Da der Muskel durch die Streckung des Schultergelenks mithilft, die Vordergliedmaße nach vorn zu führen, ist er ein Synergist zum Arm-Kopf-Muskel und M. omotransversarius. Aus diesem Grund leidet auch hier der Raumgriff, wenn der Muskel kontrakt und der Triggerpunkt aktiv ist. Die Pferde stolpern häufig und schleifen gegebenenfalls mit den Zehen. Springpferde lassen die Vorhand hängen, was zu häufigen Fehlerpunkten im Parcours führt.

Behandlungshinweise:
(bitte Kap. 3 beachten!)
1. Kompression mit Daumen oder Handballen, bis der Schmerz nachlässt.
2. Massage mittels Querfriktion nach Akzeptanz des Pferdes.
3. Dehnung durch Karottenübung: Leckerli im Bereich der gegenüberliegenden Schulter anbieten. Zusätzliches passives Auseinanderziehen der Muskelfasern mit den Handflächen.

Präventionsmaßnahmen und Trainingshinweise: Nach erfolgter Behandlung des Triggerpunkts sollte der Muskel langsam aufgebaut werden. Hierfür eignet sich ein gezieltes Cavalet-

Auf dem Schulterblatt vor der Schulterblattgräte liegt der M. supraspinatus mit seinem Triggerpunkt 6.

TRIGGERPUNKT 6

titraining. Zur Mobilisierung helfen Seitengänge. Die Schwungentwicklung ist ein weiteres wichtiges Kriterium, die Beinaktivität zu fördern. Der Reiter muss außerdem darauf bedacht sein, die Schulter seines Pferdes zu heben. Hier ist eine zu tiefe Zügelführung zu vermeiden. Tritt sich das Pferd mit den Hinterbeinen in die Vorderhufe, ist dies ein Zeichen dafür, dass das Pferd nicht schnell genug mit den Vorderbeinen abfußen kann. Ein Grund ist oftmals eine zu tiefe Handhaltung des Reiters, die eine Aufrichtung der Schulter nicht zulässt und damit auch den M. supraspinatus blockiert.

2.3.7 TRIGGERPUNKT 7: M. infraspinatus

Ursprung, Ansatz, Aufgabe: Der M. infraspinatus oder Untergrätenmuskel liegt nun unterhalb der Schulterblattgräte. Er hat seinen Ursprung ebenfalls an der spina scapulae und in der Infraspinatusgrube, unterhalb des Schulterblattknorpels. Sein Ansatz liegt am Oberarm (Tuberculum majus humeri). Obwohl er parallel zu seinem Nachbarn, dem M. supraspinatus, verläuft, arbeitet der Untergrätenmuskel antagonistisch, da er aufgrund seiner tieferen Lage das Schultergelenk beugt. Zudem führt er die

Den Triggerpunkt 7 findet man auf etwa der gleichen Höhe wie den Triggerpunkt 6, jedoch hinter der Schulterblattgräte auf dem M. infraspinatus.

TRIGGERPUNKT 7

Gliedmaße seitwärts und ist deshalb ein wichtiger Muskel für Seitengänge.

Punktlokalisation: Springt man ausgehend vom Triggerpunkt des M. supraspinatus über die Schulterblattgräte zum M. infraspinatus, findet man auf dem Schulterblatt in ungefähr gleicher Höhe den dazugehörigen Triggerpunkt.

Symptome: Da der Muskel maßgeblich für Seitwärtsbewegungen der Gliedmaße verantwortlich ist, zeigt das Pferd bei aktivem Triggerpunkt besonders in Seitengängen Einschränkungen im Bewegungsausmaß. Das Pferd hat Probleme, das Bein weit genug seitwärtszubewegen, die Tritte sind kurz und staksig.

Außerdem kann das Pferd zum Stolpern neigen und Probleme beim Stangentraining zeigen, weil es das Schultergelenk ungenügend beugt.

Behandlungshinweise: (bitte Kap. 3 beachten!)

1. Kompression mit Daumen oder Handballen, bis der Schmerz nachlässt.
2. Massage mit Hilfe von Querfriktionen nach Akzeptanz des Pferdes.
3. Dehnung durch Karottenübung: Leckerli im Bereich der gegenüberliegenden Schulter anbieten. Zusätzliches passives Auseinanderziehen der Muskelfasern mit den Handflächen.

Präventionsmaßnahmen und Trainingshinweise: Da der Muskel durch zu häufiges Training von Seitengängen auch überfordert und damit kontrakt werden kann, sind Seitengänge so lange ad acta zu legen, bis der Muskel sich erholt hat und kein aktiver Triggerpunkt mehr nachweisbar ist. Anschließend gilt es, den Muskel durch ein mäßiges, aber gezieltes Training wieder langsam aufzubauen. Hierzu erfolgt zunächst ein leichtes Stangentraining, viel gymnastizierende Übungen mit Biegungen und Schulterkontrolle, bis anschließend die Seitengänge wieder ins Repertoire mitaufgenommen werden.

2.3.8 TRIGGERPUNKT 8:
M. serratus ventralis thoracis

Ursprung, Ansatz, Aufgabe: Der M. serratus ventralis thoracis oder „unterer gesägter Rumpfmuskel" verläuft von seinem Ursprung an den Rippen 1 bis 8 zur Innenseite des Schulterblatts.

Bei aufgefußtem Bein zieht der Muskel den Rumpf nach vorn beziehungsweise nach oben und fungiert in erster Linie als unterstützender Haltemuskel des Rumpfes. Während der Auffußungsphase unterstützt der M. serratus ventralis thoracis außerdem die Einatmung. Aufgrund seiner Funktion ist der Serratusmuskel einer der stärksten Muskeln, um den Rumpf an der Vorhand zu fixieren.

Direkt hinter dem Schulterblatt gelegen, findet man den Triggerpunkt 9 auf dem M. serratus ventralis thoracis.

Punktlokalisation: Der Triggerpunkt liegt in der verlängerten Linie der Stresspunkte 6 und 7, direkt am hinteren Schulterblattrand.

Symptome: Ein kontrakter Muskel behindert die Atmung und den Abfederungsmechanismus, sodass bei starker Beanspruchung – beispielsweise nach dem Sprung – Schmerzen auftreten können. Anzeichen hierfür können sein, wenn Pferde beim Absprung oder bei der Landung „stöhnen" und/oder eine Leistungsminderung eintritt (Atemprobleme). Zudem quittieren sie gegebenenfalls ihren Unmut aufgrund von Schmerzen mit Ohrenanlegen, Scharren, Beißen oder gar Steigen, wenn der Sattelgurt festgezogen wird.

Der Triggerpunkt 9 vom Ursprung des M. triceps brachii (Caput longum) ist direkt hinter dem Schulterblatt im unteren Drittel lokalisiert.

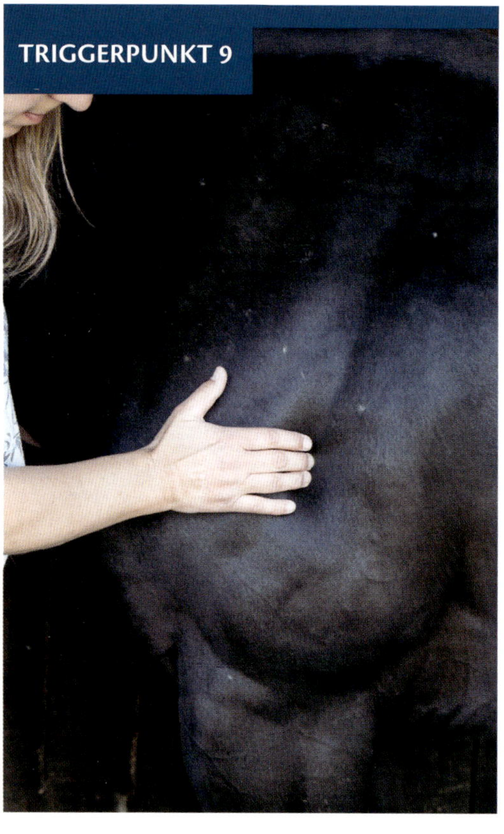

Behandlungshinweise:
(bitte Kap. 3 beachten!)

1. Vorsichtiger direkter Fingerdruck, bis das Gewebe spürbar weicher wird.
2. Massage mittels Ausstreichen entlang des hinteren Schulterblattrandes.
3. Dehnung durch Karottenübung: Leckerli im Bereich der gegenüberliegenden Bauchwand anbieten.

Präventionsmaßnahmen und Trainingshinweise: Intensives Vorwärts-abwärts-Reiten mit integriertem Stangentraining, um die Vorhand mobil zu halten. Jegliche Stressfaktoren sollten vermieden werden, da der Muskel dabei schnell kontrakt wird.

2.3.9 TRIGGERPUNKT 9: M. triceps brachii, Caput longum (Ursprung)

Ursprung, Ansatz, Aufgabe: Der Trizeps ist ein Muskel mit drei Köpfen, dem Caput longum, mediale und laterale. Wir finden Triggerpunkte insbesondere im Caput longum und laterale. Der Caput mediale ist recht klein und liegt auf der Innenseite am Ellbogen. Auch hier können sich Triggerpunkte manifestieren. Weil es sich aber um einen kleinen Muskel handelt, wird er hier erst einmal vernachlässigt. Der Trizeps mit seinem langen Kopf verläuft vom gesamten hinteren Schulterblattrand fächerförmig bis zum Ellbogenhöcker, wo sich die Fasern vereinen. Seine Aufgabe ist es, das Schultergelenk zu beugen und gleichzeitig das Ellbogengelenk zu strecken.

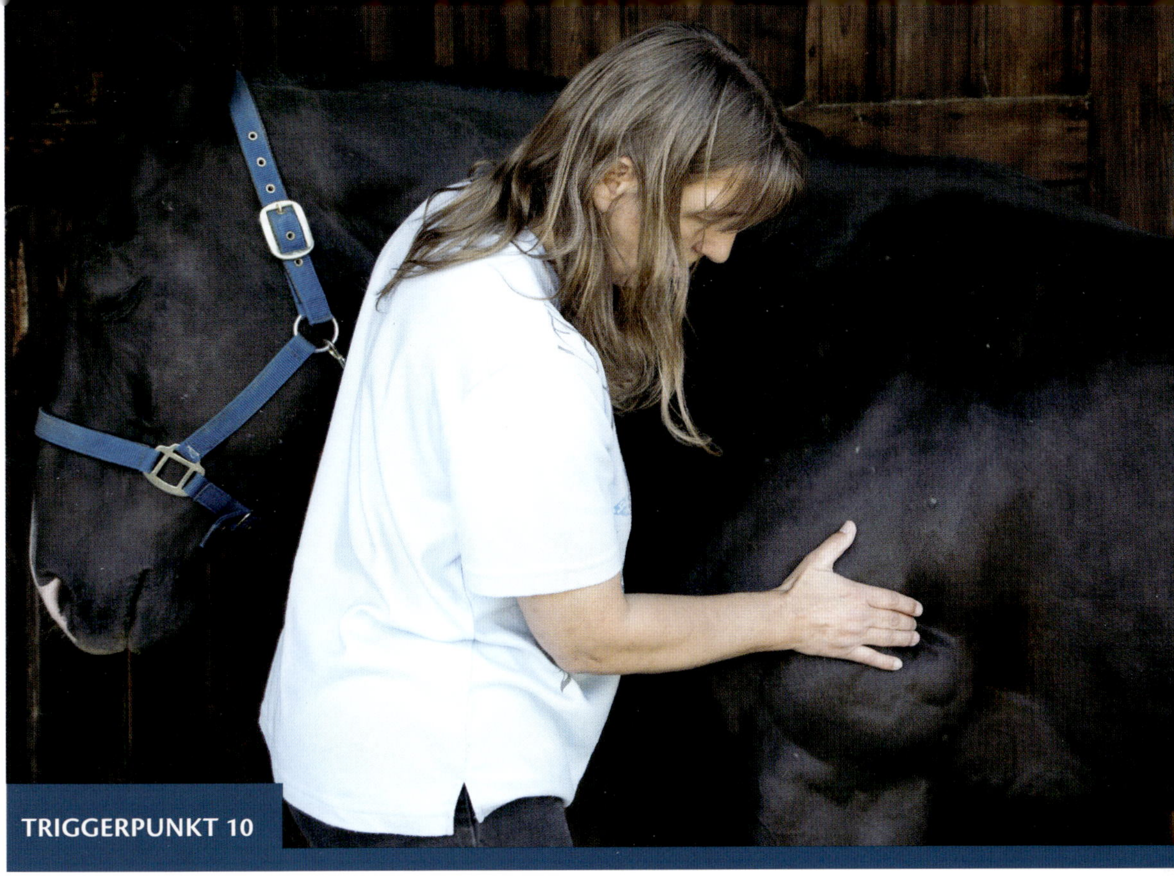

Der Triggerpunkt 10 auf der Ansatzsehne des M. triceps brachii (caput longum) liegt direkt oberhalb des Ellbogenhöckers.

Punktlokalisation: Der Triggerpunkt 9 liegt am hinteren Rand im unteren Drittel des Schulterblatts.

Symptome: Der Raumgriff ist deutlich eingeschränkt, wenn der Triggerpunkt aktiv und der Muskel kontrakt ist. Die Pferde springen sehr flach und zeigen Taktunreinheiten, die sich bis zur Lahmheit steigern können.

Behandlungshinweise: (bitte Kap. 3 beachten!)

1. Tiefer Fingerdruck, bis das Gewebe spürbar weicher wird.
2. Massage anhand von Querfriktionen entlang des hinteren Schulterblattrandes und Knetung.
3. Dehnung durch Karottenübung: Leckerli im Bereich der gegenüberliegenden Bauchwand anbieten. Gegebenenfalls passive Dehnung durch Vor- und Rückführen der Gliedmaße und Schulterhebung.

Präventionsmaßnahmen und Trainingshinweise: Auch hier gilt es, die Vorhandaktivität zu steigern, indem der Reiter vermehrtes Stangen- und Cavalettitraining durchführt. Zudem sind Übungen zur Förderung des Raumgriffs empfehlenswert.

2.3.10 TRIGGERPUNKT 10: M. TRICEPS BRACHII, Caput longum (Ansatz)

Ursprung, Ansatz, Aufgabe: siehe Kap. 2.3.9

Punktlokalisation: Der Triggerpunkt 10 liegt am Sehnen-Muskel-Übergang der Ansatzstelle, direkt oberhalb des Ellbogenhöckers.

Symptome: siehe Kap. 2.3.9

Behandlungshinweise: (bitte Kap. 3 beachten!)

1. Tiefer Fingerdruck, bis das Gewebe spürbar weicher wird.
2. Massage mit Hilfe von Querfriktion und Knetung.
3. Dehnung durch Karottenübung: Leckerli im Bereich der gegenüberliegenden Bauchwand anbieten. Gegebenenfalls passive Dehnung durch Vorführen der Gliedmaße mit leichter Führungsrichtung zur Mitte.

Präventionsmaßnahmen und Trainingshinweise: siehe Kap. 2.3.9

Am Caput laterale des M. triceps brachii liegt der Triggerpunkt 11, seitlich des Ellbogenhöckers.

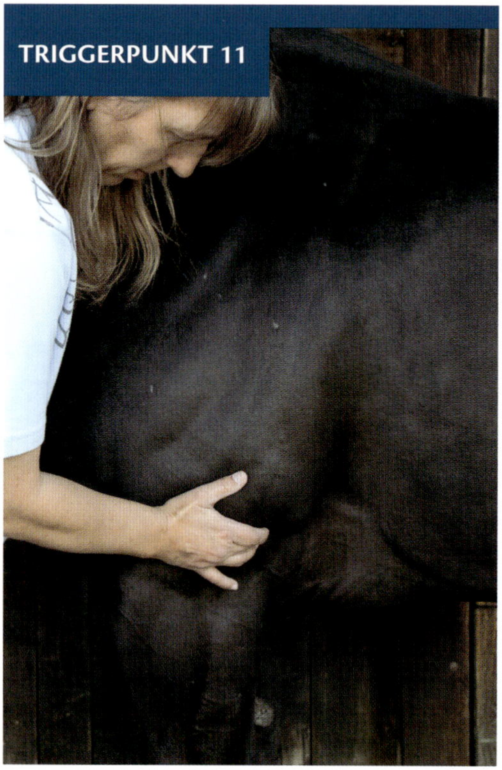

2.3.11 TRIGGERPUNKT 11:

M. triceps brachii, Caput laterale

Ursprung, Ansatz, Aufgabe: Der seitlich verlaufende Kopf des Trizeps (M. triceps, Caput laterale) findet seinen Ursprung seitlich am Oberarm, direkt unterhalb des Buggelenkspalts. Von hier begleitet er den Oberarmknochen bis zum Ellbogenhöcker, an dem der Muskel seitlich ansetzt.

Er hilft mit, das Ellbogengelenk zu strecken, hat aber im Gegensatz zum Caput longum keinen Einfluss auf die Bewegungen des Schultergelenks.

Punktlokalisation: Der Triggerpunkt des Caput laterale liegt am Sehnen-Muskel-Übergang des Ansatzes seitlich des Ellbogenhöckers.

Symptome: Da der Muskel die Streckung des Ellbogengelenks unterstützt, ist er bei kontrakten Fasern mit an verkürzten Tritten beteiligt. Es kommt ebenso zu flachen Gängen, Stolpern und Zehenschleifen. Zudem kann der Caput laterale das Ellbogengelenk aus seiner physiologischen Position ziehen und somit Blockierungen und Fehlstellungen verursachen. Der Reiter hat das Gefühl, dass das Pferd „in den Boden hineinläuft".

Behandlungshinweise:
(bitte Kap. 3 beachten!)

1. Tiefer Fingerdruck, bis das Gewebe spürbar weicher wird.
2. Massage per Querfriktion.
3. Dehnung durch Verbeugeübung: Leckerli zwischen den Vorderbeinen und unter dem Bauch in Bodennähe anbieten.

Präventionsmaßnahmen und Trainingshinweise: Nach der Triggerpunktbehandlung sollte der Reiter das Training darauf auslegen, durch

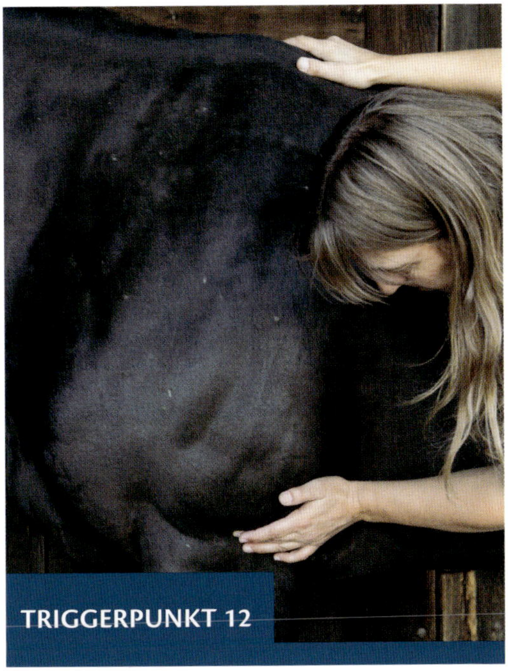

Den Triggerpunkt 12 findet man in einer Vertiefung am Ursprung des Muskel-Sehnen-Übergangs am Karpalgelenksstrecker.

Stangen- und Cavalettiarbeit den Raumgriff zu fördern. Zusätzlich kann eine aktive Dehnung mithilfe von Bodenarbeitslektionen (Spanischer Schritt, Verbeugeübung etc.) dazu beitragen, das Bewegungsausmaß zu vergrößern.

2.3.12 TRIGGERPUNKT 12:
M. extensor carpi radialis

Ursprung, Ansatz, Aufgabe: Der Karpalgelenksstrecker (M. extensor carpi radialis) hat seinen Ursprung am distalen, seitlichen Ende des Oberarms knapp oberhalb des Ellbogengelenks. Er verläuft über das Ellbogengelenk, hat seinen Muskel-Sehnen-Übergang bereits mittig des Radius und verläuft mit seiner Sehne über das Karpalgelenk hinweg. Seinen Ansatz findet der Muskel schließlich an der Vorderkante des Röhrbeins, knapp unterhalb des Vorderfußwurzelgelenks. Wie sein Name bereits verrät, hat der M. extensor carpi radialis die Aufgabe, das Karpalgelenk zu strecken. Zudem trägt er noch zur Beugung des Ellbogengelenks bei.

Punktlokalisation: Der Triggerpunkt des Karpalgelenksstreckers sitzt im Muskel-Sehnen-Übergang des Muskelursprungs knapp oberhalb des Ellbogengelenks in einer Vertiefung.

Symptome: Ein kontrakter Karpalgelenksstrecker kann dazu führen, dass das Pferd vermehrt stolpert, da es die Gelenke nicht ausreichend beugen und somit ungenügend vom Boden abheben kann. Der Raumgriff ist begrenzt und das Flektieren des Karpalgelenks erschwert. Dies führt wiederum häufig zu Blockierungen des Erbsbeins, das zusammen mit dem kontrakten M. extensor carpi radialis keine vollständige Beugung des Karpalgelenks zulässt.

Ist das Karpalgelenk allerdings leicht in Beugestellung, ist nicht etwa der Karpalgelenksstrecker zu schwach, vielmehr sind die Beugesehnen kontrakt, weil verkürzt.

Behandlungshinweise:
(bitte Kap. 3 beachten!)

1. Starker Daumendruck, bis das Gewebe spürbar weicher wird.
2. Massage anhand von Querfriktionen.
3. Passive Dehnung durch Auseinanderziehen des Muskelhartspannstrangs mit den Handflächen.

Präventionsmaßnahmen und Trainingshinweise: Probleme in den Extensoren und Flexoren der Gliedmaßen können aus einer schlechten Hufbalance stammen. Aus diesem Grund ist zu überprüfen, ob eine Hufkorrektur erforderlich ist. Weitere Maßnahmen sind Cavaletti- und Stangentraining, um die Dehnung und somit Entspannung des Muskels durch Beugung des Karpalgelenks zu unterstützen.

2.3.13 TRIGGERAREAL 13: M. pectoralis profundus

Ursprung, Ansatz, Aufgabe: Der tiefe Brustmuskel (M. pectoralis profundus) zieht die Gliedmaße nach innen und hinten, zudem stabilisiert er das Schultergelenk und stützt den Rumpf. Der Muskel strahlt von seinem Ursprung, dem Sternum und den Rippenknorpeln 4 bis 9, aus. Sein Ansatz liegt auf der Innenseite des Oberarms (Humerus) und der vorderen Armfaszie. Der tiefe Brustmuskel liegt noch unter dem nachfolgend besprochenen M. pectoralis transversus.

Punktlokalisation: Im Muskelverlauf zwischen den Vorderbeinen entlang, etwa drei Fingerbreit neben der Mittellinie finden sich häufig mehrere Triggerpunkte in Folge.

Symptome: Die Pferde zeigen zu wenig Raumgriff, weil ein kontrakter Brustmuskel das Schultergelenk blockiert. Zudem können die Pferde mit vehementen Abwehrreaktionen aufwarten, wenn der Sattelgurt angezogen wird. Manche Pferde akzeptieren nicht einmal eine Berüh-

Der M. pectoralis profundus weist wiederum ein Triggerareal (13) auf, das seitlich der Bauchmittellinie dem Muskelfaserverlauf entlang verläuft.

TRIGGERPUNKT 13

rung mit den Fingern oder der flachen Hand in diesem Bereich. Ein typisches Anzeichen eines kontrakten Pectoralismuskels ist, wenn die Pferde häufig den Galopp wechseln oder in den Kreuzgalopp springen. In diesem Fall ist meistens auch der Rückenmuskel mit Triggerpunkten durchsetzt.

Behandlungshinweise: (bitte Kap. 3 beachten!)

1. Vorsichtiger Fingerdruck bis zur Toleranzgrenze. (Vorsicht: Pferde könnten mit dem Hinterbein unter den Bauch schlagen!)
2. Massage mit Hilfe einer leichten Querfriktion.
3. Dehnung durch Verbeugeübung: Leckerli zwischen den Vorderbeinen und unter dem Bauch in Bodennähe anbieten. Gegebenenfalls Kompliment mit vorgestrecktem Bein auf der zu behandelnden Seite. Alternativ: Passive Dehnung durch Auseinanderziehen der Muskelfasern mit den Handflächen.

Präventionsmaßnahmen und Trainingshinweise: Hier helfen ein lockeres Lauftraining, in das kleinere Sprünge miteingeflochten werden, die das Pferd dazu animieren, die Bauchlinie zu dehnen.

Zur Kräftigung des Muskels nach der manuellen Behandlung kann ein Klettertraining im Schritt helfen, um den Muskel zu stärken. Relativ steile Wege bergab dehnen hingegen den Muskel.

Des Weiteren sind alle Übungen (mit und ohne Stangen) zur Erweiterung des Raumgriffs empfehlenswert.

2.3.14 TRIGGERPUNKT 14:
M. pectoralis transversus

Ursprung, Ansatz, Aufgabe: Der quer verlaufende Brustmuskel (M. pectoralis transversus)

Direkt zwischen den Vorderbeinen verläuft der M. pectoralis transversus, auf dessen Muskelbauch, etwa drei Fingerbreit von der Bauchmittellinie entfernt, der Triggerpunkt 14 liegt.

liegt über dem M. pectoralis profundus mit dem Sternum und den Knorpeln der Rippen 1 bis 6 als Ursprung. Die Muskelfasern ziehen von der Mitte aus zu den Innenseiten der Vorderbeine und setzen an der Unterarmfaszie an.

Der Muskel zieht in erster Linie die Gliedmaßen zum Rumpf, was Auswirkungen auf andere Muskeln und die Beinstellung haben kann.

Punktlokalisation: Den Triggerpunkt des M. pectoralis transversus findet man direkt zwischen den Vorderbeinen, etwa drei Fingerbreit von der Mittellinie auf dem Muskelbauch.

Symptome: Ein bodeneng stehendes Pferd muss nicht zwingend mit diesem Stellungsfehler geboren sein, sondern kann auf einen kontrakten M. pectoralis transversus hinweisen, weil dieser die gesamte Gliedmaße nach

innen zieht. Gleichzeitig erkennt ein scharfer Expertenblick ein leichtes Abstehen des Schulterblattknorpels. Dies kann wiederum zur Folge haben, dass der einmal gut angepasste Sattel nun nicht mehr perfekt liegt, da sich die Schulterlage verändert hat. Das Schulterblatt kann in der Bewegung an den Sattelrand stoßen, wodurch Druckstellen möglich werden. Bei einem lockeren Pectoralismuskel hingegen würde das Schulterblatt ohne Probleme unter den Sattel eintauchen können.
Ein kontrakter Muskel hingegen zieht das Schulterblatt vom Rumpf weg, sodass auch andere Muskeln wie beispielsweise der Trapez- oder breite Rückenmuskel unter Zug geraten und somit nicht mehr optimal arbeiten können.

Der Triggerpunkt am M. pectoralis transversus ist häufig auch aktiv, wenn die Pferde Gurtzwang haben. Unter dem Reiter manifestieren sich Schwierigkeiten bei Seitengängen, da der Pectoralismuskel nicht in der Lage ist, sich weit genug zu dehnen, um eine ausreichende Abduktion (Abspreizen) der Gliedmaße zuzulassen.

Behandlungshinweise:
(bitte Kap. 3 beachten!)
1. Fingerdruck, bis das Gewebe spürbar weicher wird.
2. Massage durch Querfriktion.
3. Passive Dehnung durch Ausstreichen und Auseinanderziehen der Muskelfasern mit den Fingern.

Präventionsmaßnahmen und Trainingshinweise: Die Funktionalität des quer verlaufenden Pectoralismuskels wird am besten erhalten und wiederhergestellt, wenn das Pferd die Vordergliedmaßen seitwärts führt. Dies ist in Übungen wie Hinterhandwendungen und allen Formen von Seitengängen der Fall. Zudem kann manuell eine Dehnung herbeigeführt werden, wenn diese mit entsprechender Sorgfalt durchgeführt wird.

2.3.15 Triggerpunkt 15: M. rhomboideus

Ursprung, Ansatz, Aufgabe: Der rautenförmige Muskel (M. rhomboideus) verläuft vom Nackenband (= Muskelursprung) bis zum Schulterblattknorpel (= Ansatz). Der Muskel liegt unter dem Trapezmuskel in der tiefen Muskelschicht und hat die Aufgabe, die Schulter an den Rumpf und nach oben zu ziehen. Er fungiert somit unter anderem als Gegenspieler des oben beschriebenen M. pectoralis transversus. Der Rautenmuskel unterstützt außerdem das Anheben und Rückführen der Gliedmaße.

Punktlokalisation: Der Triggerpunkt ist zwischen dem Schulterblattknorpel und dem Widerrist lokalisiert. Es können sich aber auch Triggerpunkte im weiteren Muskelverlauf Richtung Hals entwickeln.

Symptome: Der Triggerpunkt kann die Funktion des gesamten Muskels lahmlegen. So ist das Heben der Gliedmaße nur eingeschränkt möglich. Dies wiederum hat zur Folge, dass die Pferde beim Überreiten von Stangen häufig anschlagen oder beim Springen Hindernisse reißen. Zudem blockiert der kontrakte Muskel den Raumgriff.

Es können sich ebenso Probleme bei Seitengängen einstellen, da der Muskel das Öffnen der Schulter nicht zulässt. Das Pferd kann die Gliedmaße somit nur eingeschränkt nach innen führen. Eine bodenweite Stellung wird auf diese Weise ebenfalls provoziert.

Behandlungshinweise:
(bitte Kap. 3 beachten!)
1. Tiefer Fingerdruck (da durch den Trapezmuskel hindurchpalpiert werden muss) bis das Gewebe spürbar weicher wird.
2. Massage per Querfriktion und Drückungen.
3. Dehnung durch Möhrenübung: Leckerli in Bodennähe am gegenüberliegenden Vorderbein anbieten. Alternativ: Auseinanderziehen der kontrakten Muskelfasern mit den Handflächen.

Präventionsmaßnahmen und Trainingshinweise: Nachdem der Triggerpunkt manuell aufgelöst wurde, kann der Muskel durch intensive Seitengänge mobilisiert und aufgebaut werden. Zudem wird der Muskel durch wiederholtes Vorwärts-abwärts-Reiten gedehnt.

Der Sattel darf nicht zu eng sein, da er ansonsten den Rauten-, aber auch den (nachfolgend beschriebenen) Trapezmuskel irritiert. Es können Druckstellen und somit wiederum kontrakte Fasern und in Folge davon aktive Triggerpunkte entstehen.

2.3.16 TRIGGERAREAL 16: M. trapezius

Ursprung, Ansatz, Aufgabe: Der Trapezmuskel (M. trapezius) ist bei den Reitern wohlbekannt, da er bei einem unpassenden Sattel nur allzu schnell verspannt ist und Atrophien ausbildet. Er liegt über allen anderen Muskeln in der oberflächlichen Muskelschicht und kann deshalb manuell sehr gut erreicht werden. Der Trapezmuskel besteht aus zwei Anteilen, dem zervikalen (vorderen) und thorakalen (hinteren)

Der Triggerpunkt 15 liegt auf dem M. rhomboideus zwischen Widerrist und Schulterblattknorpel.

TRIGGERPUNKT 15

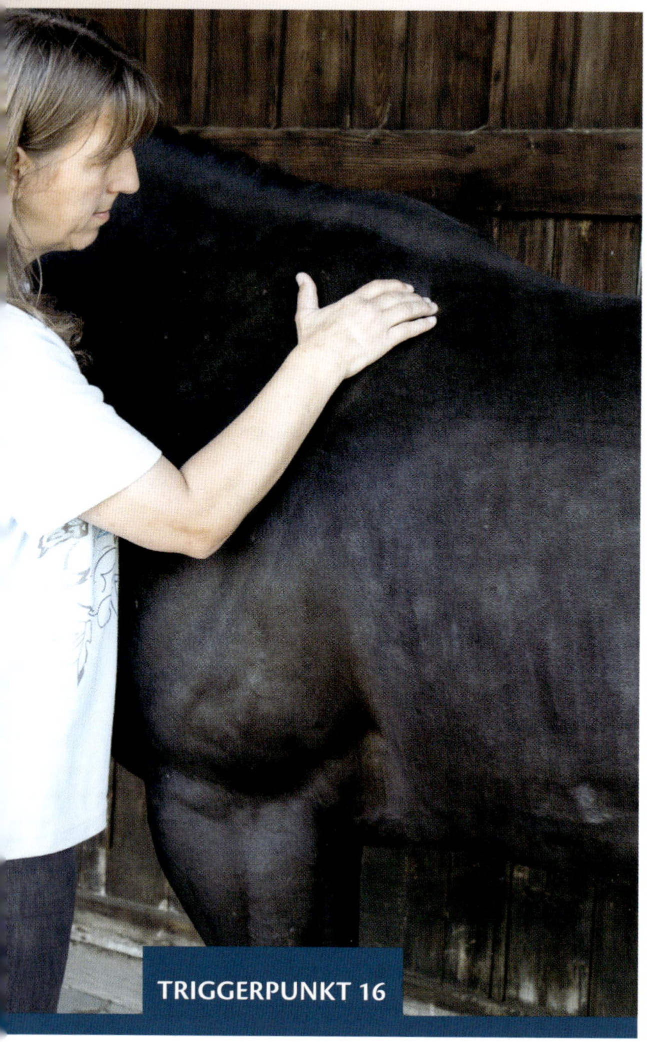

Der Trapezmuskel weist ein Areal von Triggerpunkten (16) auf, die man hinter dem Schulterblatt im Bereich bis fast zum Widerrist findet.

Teil. Beide Muskelanteile sind dreiecksförmig und haben ihren Ursprung am Nacken- und Rückenband im Bereich vom zweiten Halswirbel bis zum zehnten Brustwirbel. Sie setzen jeweils an der Schulterblattgräte an und ziehen das Schulterblatt nach oben und vom Körper weg. Somit dient der Muskel insbesondere als Vorführer und Abduktor der Gliedmaße.

Punktlokalisation: Der Trapezmuskel ist häufig – insbesondere wenn die Pferde unpassende Sättel tragen müssen – mit mehreren Triggerpunkten durchsetzt. Deshalb muss man das gesamte Areal des thorakalen Muskelanteils seitlich des Widerrists, oberhalb und hinter dem Schulterblattknorpel abscannen. Der zervikale Anteil ist weniger häufig von Triggerpunkten betroffen.

Symptome: Ist der Muskel aufgrund eines unpassenden Sattels bereits atrophiert, finden sich unweigerlich Triggerpunkte im Bereich hinter dem Schulterblatt. Typischerweise entsteht auch ein „Loch" aufgrund des atrophierten Muskels. Die Rückenflexibilität und Tragfähigkeit, aber auch die Schulterbeweglichkeit sind stark eingeschränkt, wodurch Raumgriff und Schwung verloren gehen. Diese Probleme können sich bei nicht rechtzeitiger Behandlung zu massiven und chronischen Rückenproblemen ausweiten.

Das Pferd hat Schwierigkeiten, im Rücken loszulassen, das Gebiss anzunehmen und in Entspannungshaltung zu gehen. Vielmehr versucht es, die Schmerzen zu kompensieren, indem es den Rücken wegdrückt. Die Rückenmuskulatur verspannt und atrophiert. Die Bauchmuskulatur hingegen wird schlaff, es kann sich ein Hängebauch entwickeln. Der Reiter hat Schwierigkeiten, die Hinterhand „heranzutreiben". Aufgrund der Auswirkungen auf den gesamten Körper des Pferdes ist gesundheitsförderndes Reiten nicht mehr möglich.

Selbstverständlich muss nicht immer ein unpassender Sattel die Ursache eines vertriggerten

Trapezmuskels sein. Schlechter Sitz, falsche Einwirkung und unsachgemäßes Training können ebenso hierfür verantwortlich sein.

Behandlungshinweise: (bitte Kap. 3 beachten!)

1. Starker Fingerdruck, bis das Gewebe spürbar weicher wird.
2. Intensive Massage anhand von Querfriktionen.
3. Dehnung durch Möhrenübung: Leckerli an der gegenüberliegenden Schulter anbieten. Auseinanderziehen des Hartspannstrangs mit den Handflächen.

Präventionsmaßnahmen und Trainingshinweise: Die erste und wichtigste Maßnahme ist die Überprüfung der Sattelpassform. Es gibt selten Sättel, die perfekt passen, zudem bewegt sich das Pferd unter dem Sattel, sodass es immer zu unterschiedlichen Druckverhältnissen kommt. Es stellt sich lediglich die Frage, inwieweit ein Pferd diese Drücke kompensieren kann. Es gibt sehr empfindliche Pferde, die kaum Abweichungen vertragen können und einen exakt angepassten Sattel benötigen, da sie sonst sehr schnell mit Verspannungen reagieren.

Wenn festgestellt wird, dass der Sattel dem Pferd nicht passt, ist auch das Reiten ohne Sattel oder nur mit einem Sitzkissen (Pad) nicht empfehlenswert, da hier ebenfalls punktuelle Druckverhältnisse auftreten. Zudem sitzt der Reiter auch noch direkt auf der Wirbelsäule, während ein Sattel den Druck auf die Rückenmuskulatur umleitet (Stichwort: Wirbelkanal).

Wenn kein passender Sattel zur Verfügung steht, sollten die Pferde deshalb nicht geritten, sondern gegebenenfalls longiert oder anderweitig vom Boden aus gearbeitet werden.

Entlang des langen Rückenmuskels (M. longissimus dorsi) finden wir ein lang gestrecktes Triggerareal (17) mittig des Muskelbauchs.

2.3.17 TRIGGERAREAL 17: M. longissimus dorsi

Ursprung, Ansatz, Aufgabe: Der lange Rückenmuskel (M. longissimus dorsi) teilt sich in verschiedene Anteile auf: M. longissimus capitis, M. longissimus atlantis, M. longissimus thoracis und M. longissimus lumborum. Diese einzelnen Rückenmuskelanteile sind miteinander verflochten und ziehen sich als sogenannte dorsale Muskelkette vom Hinterhauptsbein bis zu den Schweifwirbeln, wobei der M. longissimus lumborum zuvor in den Kruppenmuskel (M. gluteus medius, siehe Kap. 2.3.19) übergeht. Der M. longissimus dorsi extensiert (streckt) den Rücken und trägt zu dessen Stabilität bei.

Den Ursprung des thorakalen Anteils des Rückenmuskels stellen die Dornfortsätze der Brustwirbel dar, die Ansatzstellen sind die Halswirbel 4 bis 7 sowie die Querfortsätze der Brustwirbel und die Rippenhöcker.

Punktlokalisation: Wiederum haben wir es mit einem ganzen Triggerpunktareal zu tun. Dieses verläuft parallel zur Wirbelsäule auf dem gesamten thorakalen Muskelverlauf, insbesondere im Bereich der Sattellage.

Symptome: Ein vertriggerter Rückenmuskel kann vielfältige Probleme mit sich bringen. Reiter beklagen sich über eine zu hohe Kopfhaltung ihres Pferdes in Verbindung mit einem steifen, nicht losgelassenen Rücken, verkürzte Gänge und Probleme beim Biegen im Rumpfbereich. Infolge eines verspannten Rückens verliert dieser sehr schnell an Kraft, sodass die Muskeln rasch atrophieren. Selbst hartnäckiges Training kann die Muskulatur nicht aufbauen, wenn sie kontrakt ist. Kann keine Entspannung der Rückenmuskulatur stattfinden, werden Rückenerkrankungen wie Kissing spines begünstigt.

Behandlungshinweise: (bitte Kap. 3 beachten!)

1. Deutlicher Fingerdruck, bis das Gewebe spürbar weicher wird und Zuckungsreaktionen nachlassen.
2. Massage durch Querfriktion entlang des gesamten Muskelverlaufs.
3. Dehnung durch Verbeugeübung: Leckerli zwischen den Vorderbeinen und unter dem Bauch in Bodennähe anbieten. Passive Dehnung durch Auseinanderziehen der Muskelfasern mit den Handflächen.

Zur Dehnung der gesamten Rückenmuskelpartie ist die Verbeugeübung prädestiniert. Sie wird zunächst über eine Leckerligabe zwischen den Vorderbeinen antrainiert. Später sollen die Pferde die Übung nur auf Stimmkommando ausführen.

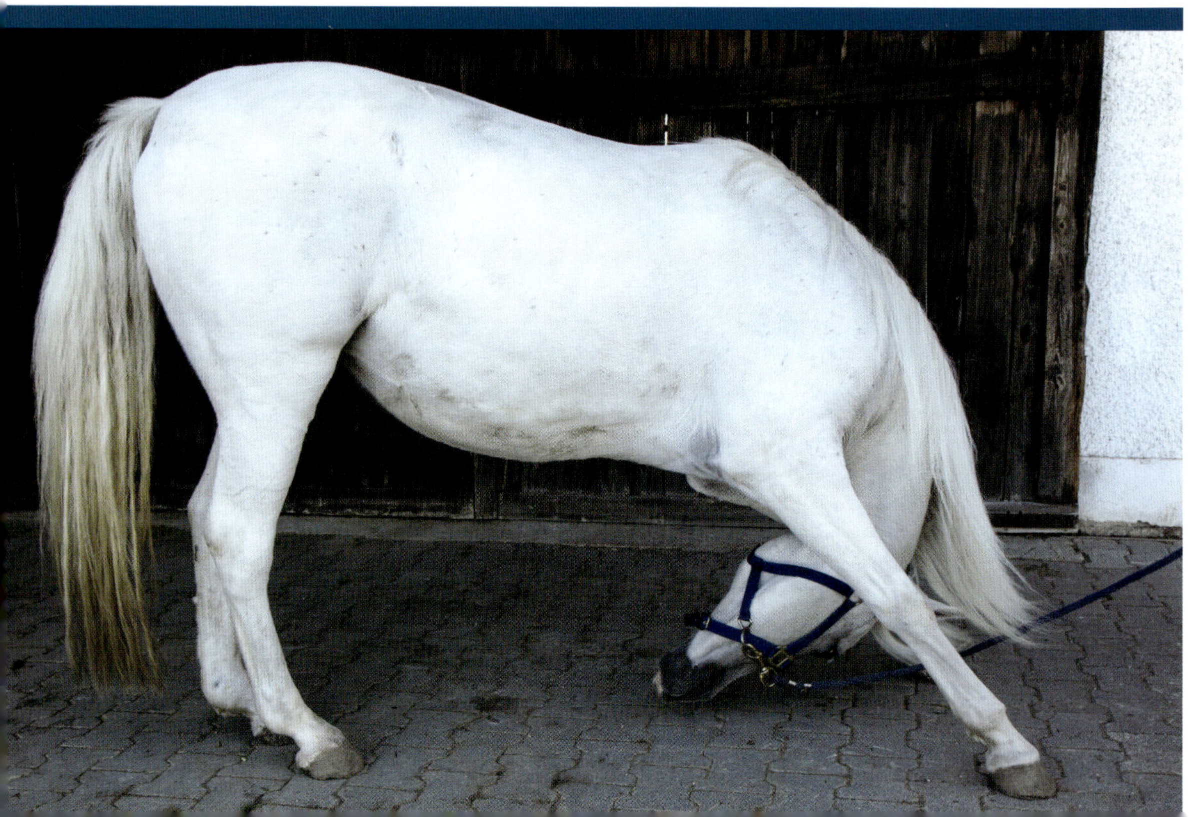

Im hinteren Bereich des M. longissimus dorsi ist der Triggerpunkt 18 – etwa eine Handbreit seitlich der Wirbelsäule – lokalisiert.

Präventionsmaßnahmen und Trainingshinweise: Eine manuelle Behandlung, beispielsweise in Form der Triggerpunkttherapie, muss allen weiteren Maßnahmen vorausgehen, denn nur ein entspannter Muskel ist aufbaufähig. Um den Rücken des Pferdes gesund zu erhalten, ist auf einen korrekten Sitz und feinfühlige Hilfengebung zu achten. Im Training sollte die Muskulatur des Pferdes zunächst durch Longieren und anderweitige Bodenarbeitslektionen auf das Reitergewicht vorbereitet werden. Dies gilt nicht nur für junge, sondern auch für Rekonvaleszenzpferde.

Das Training des Pferdes unter dem Sattel stellt hohe Anforderungen an das reiterliche Können, um den Rücken nicht zu überlasten und damit Verspannungen mit all seinen negativen Folgen zu provozieren. Zudem ist der Sattel auf seine Passgenauigkeit zu prüfen, um punktuellen Druck zu vermeiden.

2.3.18 TRIGGERPUNKT 18: M. longissimus dorsi (lumborum)

Ursprung, Ansatz, Aufgabe: Der lumbale Anteil des M. longissimus dorsi hat seinen Ursprung an der Darmbeinschaufel, den Dornfortsätzen des Kreuzbeins und der Lendenwirbel. Da er mit dem thorakalen Anteil verbunden ist, setzt auch dieser Muskel an den Halswirbeln 4 bis 7 sowie den Querfortsätzen der Brustwirbel und den Rippenhöckern an. Der Muskel stabilisiert ebenfalls die Wirbelsäule und trägt zur Rückenstreckung bei.

Punktlokalisation: Den Triggerpunkt findet man etwa 5 bis 10 Zentimeter seitlich der Dornfortsätze im Muskelverlauf der Lendenwirbelsäule.
Symptome: Die Symptome decken sich mit denen in Kap. 2.3.17 beschriebenen Aspekten des M. longissimus dorsi (thoracis).

Behandlungshinweise: (bitte Kap. 3 beachten!)
1. Fingerdruck, bis das Gewebe spürbar weicher wird.
2. Massage mithilfe von Querfriktionen im gesamten Muskelverlauf.
3. Dehnung durch Verbeugeübung: Leckerli zwischen den Vorderbeinen und unter dem Bauch in Bodennähe anbieten. Zusätzliches Aufdehnen der Muskelfasern durch Auseinanderziehen mit den Handflächen.

Präventionsmaßnahmen und Trainingshinweise: Auch hier sollte die Muskulatur zunächst entspannt und anschließend mit Bodenarbeit wie Longieren aufgebaut werden, bevor das Training vom Sattel aus gestartet wird. Ein passender Sattel ist die Grundvoraussetzung für das reiterliche Training.

2.3.19 TRIGGERPUNKT 19: M. gluteus medius

Ursprung, Ansatz, Aufgabe: Der Kruppenmuskel M. gluteus medius findet seinen Ursprung am Kreuzbein, dem Ligamentum sacroiliacum (Becken-Hüft-Band) und sacrotuberale latum (breites Beckenband) sowie an der Außenfläche des Darmbeins. Der bauchige Muskel verläuft Richtung Hüftgelenk und deckt dabei das gesamte Becken ab. Er setzt am großen Rollhügel des Oberschenkels (Trochanter major) an. Etwa mittig des Muskelbauchs strahlt der M. gluteus superficialis darüberliegend in den Muskel ein (siehe Kap. 2.3.22). Der M. gluteus medius hat die Aufgabe, das Hüftgelenk zu strecken und die Gliedmaße einwärtszudrehen.

Um den Hüfthöcker herum befinden sich vier Triggerpunkte. Der Punkt 19 liegt auf dem M. gluteus medius und ist direkt oberhalb des Hüfthöckers lokalisiert.

Punktlokalisation: Den Triggerpunkt des M. gluteus medius findet man direkt oberhalb des Hüfthöckers.

Symptome: Wenn der M. gluteus medius kontrakt ist, läuft das Pferd tendenziell zeheneng, zudem ist der Untertritt und damit der Raumgriff verkürzt. Die Beweglichkeit des Hüftgelenks, insbesondere bei der Streckung, kann eingeschränkt sein. Aus diesem Grund wird die Gliedmaße möglicherweise in der Vorführphase in einem Bogen nach außen geführt.

Behandlungshinweise: (bitte Kap. 3 beachten!)
1. Tiefer Fingerdruck, bis das Gewebe spürbar weicher wird.
2. Massage unter Verwendung von Muskeldrückungen.

3. Dehnung durch Verbeugeübung: Leckerli zwischen den Vorderbeinen und unter dem Bauch in Bodennähe anbieten. Passives Dehnen durch Auseinanderziehen der Muskelfasern mit den Handflächen, die hierfür mit starkem Druck aufgesetzt werden müssen.

Präventionsmaßnahmen und Trainingshinweise: Das Pferd sollte häufig über Cavaletti und Stangen geritten oder longiert werden, um die Beugefähigkeit der Hinterhand zu verbessern. Zudem sollte im Training auf eine gute Schubentwicklung und Erweiterung des Raumgriffs geachtet werden.

2.3.20 TRIGGERPUNKT 20: M. obliquus externus abdominis (pars lumbalis)

Ursprung, Ansatz, Aufgabe: Der lumbale Anteil des äußeren schrägen Bauchmuskels (M. obliquus externus abdominis) hat seinen Ursprung an der Thorakolumbalfaszie sowie am Hüfthöcker. Die Muskelfasern setzen an den Bändern in der Leistengegend und an der Tendo praepubicus (= starke Quersehne zwischen dem rechten und linken Hüftknochen, die überwiegend vom M. pectineus gebildet wird) an. Der Bauchmuskel hilft insbesondere bei der Ausatmung und unterstützt die Seitwärtsbiegung des Rumpfes.

Auf dem lumbalen Anteil des äußeren schrägen Bauchmuskels (M. obliquus externus abdominis) liegt der Triggerpunkt 20 direkt vor dem Hüfthöcker.

Direkt unterhalb des Hüfthöckers findet man eine dicke Sehne, die dem M. tensor fasciae latae zugeordnet ist. Am Sehnen-Muskel-Übergang liegt der Triggerpunkt 21.

Punktlokalisation: Den Triggerpunkt findet man am vorderen Rand des Hüfthöckers.

Symptome: In erster Linie stellen die Reiter fest, dass die Seitwärtsbiegung des Rumpfes eingeschränkt ist. Auffallend ist dies meist dann, wenn die Biegung nur einseitig schwerfällt. Oftmals ist der Muskel aber beidseits verspannt, sodass eine verminderte Rumpfflexibilität zunächst nicht auffällt beziehungsweise als „normal" für dieses Pferd angesehen wird.

Behandlungshinweise: (bitte Kap. 3 beachten!)

1. Fingerdruck, bis das Gewebe spürbar weicher wird. (Vorsicht: Pferde könnten empfindlich reagieren und gegebenenfalls mit der Hinterhand schlagen!)
2. Massage mittels vorsichtiger Querfriktion nach Akzeptanz des Pferdes.
3. Dehnung durch Möhrenübung: Leckerli am gegenüberliegenden Hüfthöcker anbieten (Biegung des gesamten Rumpfes).

Präventionsmaßnahmen und Trainingshinweise: Nach Auflösung des Triggerpunkts sollte das Pferd in Wendungen, Volten und Zirkel geritten werden, um den Muskel zu dehnen und zu stärken. Dabei ist es wichtig, frühzeitig und häufig die Hand zu wechseln.

2.3.21 TRIGGERPUNKT 21: M. tensor fasciae latae

Ursprung, Ansatz, Aufgabe: Der dreiecksförmige Spanner der Oberschenkelbinde (M. tensor fasciae latae) hat seinen stark sehnigen Ursprung am Hüfthöcker und verläuft mit zwei Ausläufern einerseits zum Knie und setzt dort an der Patellafaszie, am vorderen Rand des Unterschenkelknochens und am seitlichen Kniescheibenband an. Andererseits findet man den zweiten Ansatz am sogenannten Trochanter tertius im Bereich des oberen Drittels des Oberschenkels.

Er zieht die Gliedmaße nach vorn, hilft dem Quadrizeps bei der Beugung der Hüfte und unterstützt die Streckung des Knies.

Punktlokalisation: Den Triggerpunkt findet man direkt unterhalb des Hüfthöckers auf der fingerdicken Ursprungssehne des Muskels.

Symptome: Das Pferd zeigt deutliche Schwierigkeiten bei Seitengängen, insbesondere ist die Fußung nach medial erschwert. Bei der Vorwärtsbewegung des Beins kann das Pferd eine Ausweichbewegung nach außen zeigen. Zudem kann das Pferd Schwierigkeiten haben, das Bein nach hinten zu führen und zu beugen, wie es beim Hufe auskratzen vonnöten ist.

Behandlungshinweise: (bitte Kap. 3 beachten!)

1. Kräftiger Daumendruck, bis das Gewebe spürbar weicher wird.
2. Massage durch vorsichtige Querfriktionen nach Akzeptanz des Pferdes. (Achtung: Pferde könnten Abwehrreaktionen zeigen!)
3. Die Dehnung erfolgt passiv durch Auseinanderziehen der Muskelfasern mit den Handflächen.

Präventionsmaßnahmen und Trainingshinweise: Starke Belastungen der Hintergliedmaße sollten zunächst vermieden werden, solange der Triggerpunkt aktiv, der Muskel kontrakt und schwach ist. Insbesondere muss auf harte Stopps, Hinterhandwendungen und Rückwärtsrichten zunächst verzichtet werden. Nach der Behandlung ist ein behutsamer Muskelaufbau durch kräftigende Übungen und Schubentwicklung aus der Hinterhand sinnvoll.

2.3.22 TRIGGERPUNKT 22: M. gluteus superficialis

Ursprung, Ansatz, Aufgabe: Der Ursprung des oberflächlichen Kruppenmuskels (M. gluteus superficialis) liegt zum einen am Hüfthöcker, zum anderen entspringt er aus der Glutealfaszie des mittleren Kruppenmuskels (M. gluteus medius, siehe Kap. 2.3.19). Der oberflächliche Kruppenmuskel setzt etwa mittig des Oberschenkels an, unterstützt damit die Hüftbeugung und zieht die Gliedmaße nach außen.

Der vierte Triggerpunkt (22) im Bereich des Hüfthöckers liegt an dessen hinterem Rand auf dem Muskel-Sehnen-Übergang des M. gluteus superficialis, dem oberflächlichen Kruppenmuskel.

Zur Kräftigung der Hinterhandmuskeln sind nach erfolgter Triggerpunkttherapie Kletterübungen im Schritt empfehlenswert.

Punktlokalisation: Den Triggerpunkt des oberflächlichen Kruppenmuskels findet man am hinteren Rand des Hüfthöckers.

Symptome: Die Pferde zeigen einen breiten Gang, insbesondere wenn auch der Triggerpunkt des M. tensor fasciae latae (Kap. 2.3.21) aktiv ist. Der Raumgriff ist eingeschränkt und das Hüftgelenk kann blockiert sein. Damit ist das Pferd nicht in der Lage, Tragkraft aufzunehmen.

Behandlungshinweise: (bitte Kap. 3 beachten!)

1. Tiefer Fingerdruck, bis das Gewebe spürbar weicher wird.
2. Massage unter Verwendung von Querfriktionen und Kompressionen mit dem Handballen.
3. Dehnung durch Auseinanderziehen der kontrakten Muskelfasern mit den Handballen.

Präventionsmaßnahmen und Trainingshinweise: Nach erfolgter Triggerpunkttherapie der gesamten Muskeln der Hinterhand (meist ist nicht nur der M. gluteus superficialis betroffen) sollte ein langsamer Muskelaufbau erfolgen. Ideale Übungen hierzu sind Steilhänge im Schritt (Klettern), Seitengänge, kleine Sprünge und versammelnde Übungen (zum Beispiel Rückwärtsrichten).

2.3.23 TRIGGERPUNKT 23: M. biceps femoris (kranial)

Ursprung, Ansatz, Aufgabe: Der zweiköpfige Oberschenkelmuskel (M. biceps femoris) hat seinen Ursprung am Kreuzbein, am breiten Beckenband (Ligamentum sacrotuberale latum), an der Fascia caudae sowie am Sitzbeinhöcker. Ein Ausläufer des Muskels setzt an der Kniescheibe und am vorderen Rand des Unterschenkelknochens an. Zusätzlich zieht ein zweiter Strang im Bereich der Kniekehle, von wo aus eine Sehne zum Fersenbeinhöcker zieht und dort ansetzt. Diese Sehne bildet zusammen mit den Sehnen des M. gastrocnemius (Kap. 2.3.28) und des M. semitendinosus (Kap. 2.3.25) sowie dem Sehnenausläufer des kleinen Soleusmuskels die Achillessehne.

Der vordere Anteil des Bizepsmuskels fungiert als Knie- und Hüftstrecker, außerdem führt er die Gliedmaße seitwärts. Der hintere Anteil ist für die Beugung des Knies zuständig und streckt das Sprunggelenk. Somit arbeiten die beiden Anteile des M. biceps femoris teilweise antagonistisch.

Punktlokalisation: Der Triggerpunkt des kranialen Anteils liegt in der Nähe des Muskelursprungs am Sehnen-Muskel-Übergang, etwa 20 Zentimeter neben der Wirbelsäule auf der Linie vom Hüfthöcker bis zum Schweifansatz. Er ist oftmals als kleine Kuhle palpierbar.

Im Ursprungsbereich des zweiköpfigen Oberschenkelmuskels (M. biceps femoris) liegt der Triggerpunkt 23 in einer kleinen Vertiefung.

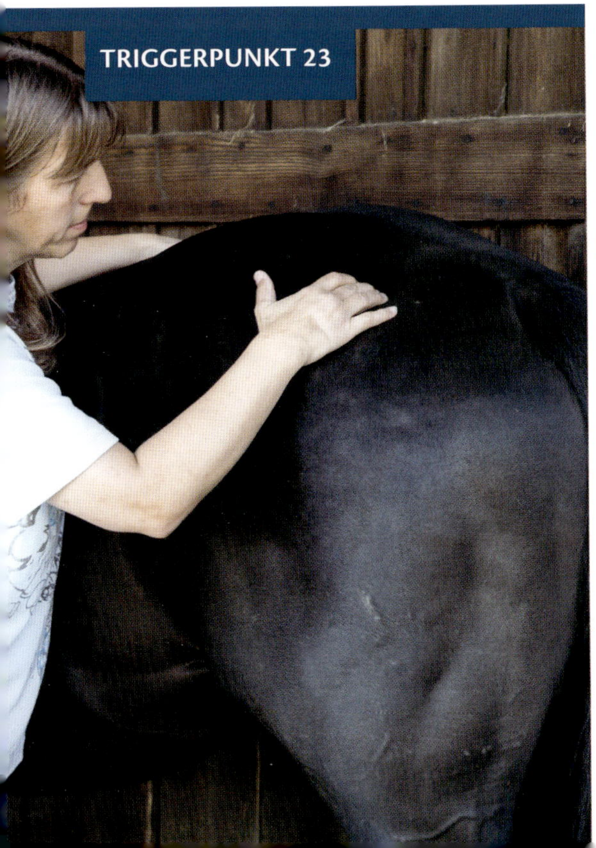

Symptome: Der Bizeps ist an der Schubentwicklung maßgeblich beteiligt, sodass bei Verspannungen und aktiven Triggerpunkten die Hinterhand des Pferdes zu wenig Schub und infolgedessen kaum Raumgriff entwickelt. Zudem ist die Ausführung von Seitengängen eingeschränkt.

Behandlungshinweise: (bitte Kap. 3 beachten!)

1. Tiefer Fingerdruck, bis das Gewebe spürbar weicher wird.
2. Massage mithilfe von Querfriktionen nach Akzeptanz des Pferdes.
3. Dehnung durch Auseinanderziehen des Hartspannstrangs mit den Handflächen.

Präventionsmaßnahmen und Trainingshinweise: Nach erfolgter Behandlung des Triggerpunkts sollte das Pferd fleißig vorwärtsgeritten werden, um den Schub und den Schwung aus der Hinterhand zu fördern. Übungen zur Verbesserung des Raumgriffs sind dabei ein obligatorischer Trainingsbestandteil. Auch Seitengänge fördern den Muskelaufbau des M. biceps femoris.

2.3.24 TRIGGERAREAL 24:

M. semimembranosus

Ursprung, Ansatz, Aufgabe: Der sogenannte halbhäutige Muskel (M. semimembranosus) liegt innerhalb des Sitzbeinhöckers und hat seinen Ursprung an den Schweifwirbeln, dem breiten Beckenband (Ligamentum sacrotuberale latum) und dem Sitzbeinhöcker. Er zieht in Richtung Kniekehle und findet seinen Ansatz an den medialen Kondylen der Ober- und Unterschenkelknochen.

Der M. semimembranosus zieht das Bein nach dem Abfußen nach hinten und innen. Zudem rotiert er es einwärts. Bei belastetem Bein fungiert der M. semimembranosus als Strecker von Hüfte und Knie.

Punktlokalisation: Im gesamten Muskelverlauf können sich aktive Triggerpunkte manifestieren, meist findet man sie jedoch im Bereich unterhalb des Sitzbeinhöckers.

Symptome: Typisch für einen kontrakten M. semimembranosus ist das Auswärtsdrehen des Sprunggelenks beim Abfußen der Gliedmaße. Zudem kann das Pferd einen Wendeschmerz zeigen, wenn man es auf engen Wendungen führt.

Der M. semimembranosus ist prädestiniert für eine Reihe von Triggerpunkten. Das Areal 24 liegt entlang des Muskelbauchs unterhalb des Sitzbeinhöckers.

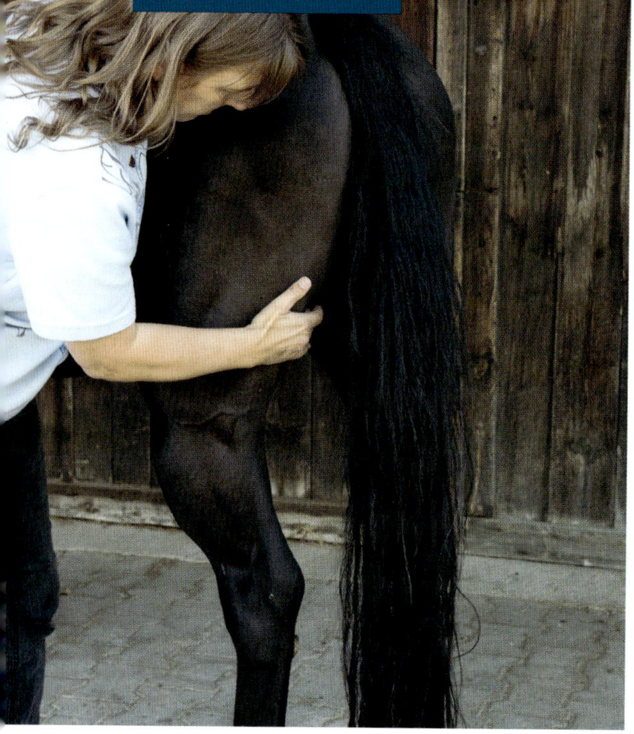

Behandlungshinweise:
(bitte Kap. 3 beachten!)
1. Fingerdruck bis zur Toleranzgrenze des Pferdes. Druck so lange aufrechterhalten, bis das Gewebe spürbar weicher wird.
2. Intensive Massage anhand von Querfriktionen im gesamten Muskelverlauf nach Akzeptanz des Pferdes.
3. Passive Dehnung durch Auseinanderziehen der Muskelfasern mit den Handballen oder vorsichtiges Vorführen der Gliedmaße.

Präventionsmaßnahmen und Trainingshinweise: Solange der Muskel nicht entspannt ist und alle Triggerpunkte aufgelöst wurden, sollten abrupte Stopps und enge Wendungen vermieden werden. Anschließend kann der Muskel langsam aufgebaut werden, indem man Stangen und Cavaletti zu Hilfe nimmt, damit das Pferd das Bein stärker beugen muss. Für den Geländereiter ist das Klettern (Steilhänge) eine gute Alternative oder auch Ergänzung zum Stangentraining am Reitplatz.

2.3.25 TRIGGERAREAL 25:
M. semitendinosus

Ursprung, Ansatz, Aufgabe: Der etwas lateral, in unmittelbarer Nachbarschaft zum M. semimembranosus gelegene M. semitendinosus, oder auch halbsehniger Muskel, hat seinen Ursprung ebenfalls am Kreuzbein, am Ligamentum sacrotuberale latum sowie am Sitzbeinhöcker. Er setzt unterhalb der Kniekehle am Unterschenkel an und gibt einen sehnigen Strang zum Fersenbeinhöcker ab (Achillessehnenanteil).

Ebenfalls ein Areal (25) von Triggerpunkten befindet sich auf dem Muskelverlauf entlang des M. semitendinosus. Das Triggerareal 25 liegt parallel zum Areal 24 des M. semimembranosus.

Bei belastetem Bein streckt er die Hanken, das heißt die Hüfte, das Knie und das Sprunggelenk. Bei Entlastung beugt er das Knie, zieht die Gliedmaße nach hinten und rotiert sie einwärts. Somit ist der Muskel einer der wichtigsten für die Schwungentwicklung, aber auch für die Tragkraft der Hinterhand.

Punktlokalisation: Auch hier finden wir wieder ein ganzes Punkteareal, das sich parallel zum Triggerpunktgebiet des M. semimembranosus über den gesamten Muskelbauch, vorwiegend jedoch unterhalb des Sitzbeinhöckers erstreckt.
Symptome: Ist der Muskel kontrakt, zeigt das Pferd einen deutlich verkürzten Raumgriff und wirkt steif in seinen Bewegungen. Das Pferd kann keine Tragkraft aufnehmen, sodass versammelte Lektionen nicht wirklich gut gelingen. Der Muskel ist Teil der dorsalen Muskelkette und überträgt Einschränkungen auf den M. longissimus dorsi, der schließlich ebenfalls rasch mit Verspannungen reagiert.

Häufig sind Western- und Dressurpferde im M. semitendinosus kontrakt, weil dieser in den jeweiligen Lektionen und Manövern stark beansprucht wird.

Behandlungshinweise:
(bitte Kap. 3 beachten!)
1. Fingerdruck bis zur Toleranzgrenze des Pferdes. Druck so lange aufrechterhalten, bis das Gewebe spürbar weicher wird.
2. Intensive Massage durch Querfriktionen im gesamten Muskelverlauf nach Akzeptanz des Pferdes.
3. Passive Dehnung durch Auseinanderziehen der Muskelfasern mit den Handballen oder vorsichtiges Vorführen der Gliedmaße.

Präventionsmaßnahmen und Trainingshinweise: Zunächst sollten deshalb harte Stopps, enge Wendungen und abrupte Manöver, die den Muskel besonders belasten, vermieden werden. Nach erfolgter Behandlung ist ein langsamer Muskelaufbau in abwechslungsreichem Gelände mit vielen Steigungen sowie ein Platztraining mithilfe von Stangen und Cavaletti angesagt.

2.3.26 TRIGGERPUNKT 26: M. biceps femoris (Teilungsbereich)

Ursprung, Ansatz, Aufgabe: siehe Kap. 2.3.23
Punktlokalisation: Der Triggerpunkt des Teilungsbereichs des M. biceps femoris liegt in einer gut tastbaren Vertiefung hinter dem Kniegelenk, etwa mittig der Gliedmaße.

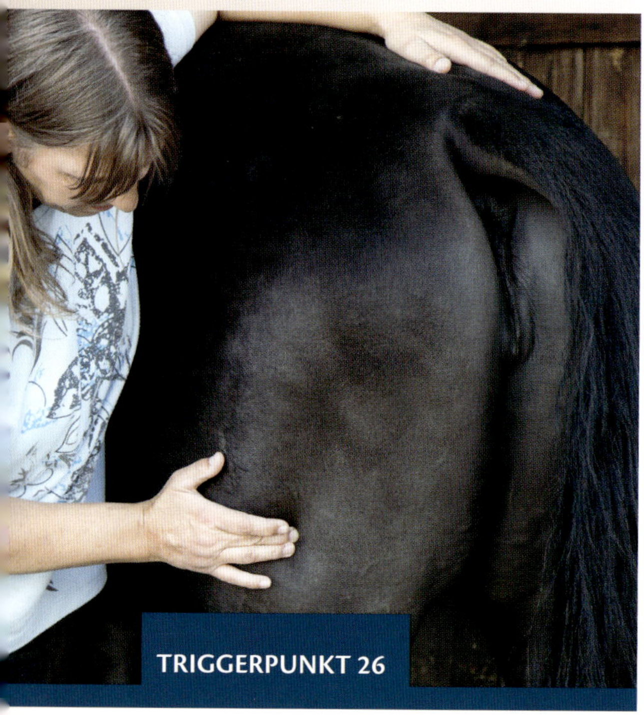

TRIGGERPUNKT 26

Im Teilungsbereich der beiden Köpfe des M. biceps femoris liegt der Triggerpunkt 26 in einer tast- und oft sichtbaren Vertiefung etwa mittig der Gliedmaße.

Symptome: siehe Kap. 2.3.23
Behandlungshinweise: (bitte Kap. 3 beachten!)

1. Fingerdruck vorsichtig bis zur Toleranzgrenze des Pferdes steigern. (Achtung: Pferde könnten reflexartig ausschlagen!) Druck so lange aufrechterhalten, bis das Gewebe spürbar weicher wird.
2. Intensive Massage per Querfriktion nach Akzeptanz des Pferdes.
3. Passive Dehnung durch Auseinanderziehen der Muskelfasern mit den Handflächen.

Präventionsmaßnahmen und Trainingshinweise: siehe Kap. 2.3.23

2.3.27 TRIGGERPUNKT 27:
M. flexor digitorum lateralis

Ursprung, Ansatz, Aufgabe: Beim seitlichen Zehenbeuger (M. flexor digitorum lateralis) handelt es sich um einen Anteil der tiefen Beugesehne (M. flexor digitorum profundus). Sein Ursprung liegt im oberen, hinteren Bereich des Unterschenkelknochens (Tibia und Fibula). Noch oberhalb des Sprunggelenks geht der Muskelbauch in sehnige Fasern über, die innerhalb des Fersenbeinhöckers schließlich als tiefe Beugesehne bis zum Hufbein (= Ansatz) ziehen.

Der Muskel beugt die Zehengelenke und streckt das Sprunggelenk.

Punktlokalisation: Der Triggerpunkt ist auf dem Muskelbauch etwas unterhalb des Knies, an der Seite, etwa mittig der Gliedmaße zu finden.

Symptome: Kontrakte Muskeln haben immer einen höheren Zug auf den zugehörigen Sehnen zur Folge. Ziemlich fatal kann sich das insbesondere auf die tiefe Beugesehne auswirken, da sie einer sehr starken Belastung unterworfen ist. Bei langfristig hohem Zug können Hufrollenproblematiken und Sehnenüberlastungen entstehen. Aus diesem Grund ist es sehr wichtig, den Status der Beugesehnenmuskulatur stets im Auge zu behalten.

Behandlungshinweise: (bitte Kap. 3 beachten!)
1. Vorsichtiger Fingerdruck bis zur Toleranzgrenze des Pferdes. Druck so lange aufrechterhalten, bis das Gewebe spürbar weicher wird.
2. Massage durch punktuelle Querfriktion nach Akzeptanz des Pferdes.
3. Passive Dehnung durch Auseinanderziehen der Muskelfasern mit den Fingern.

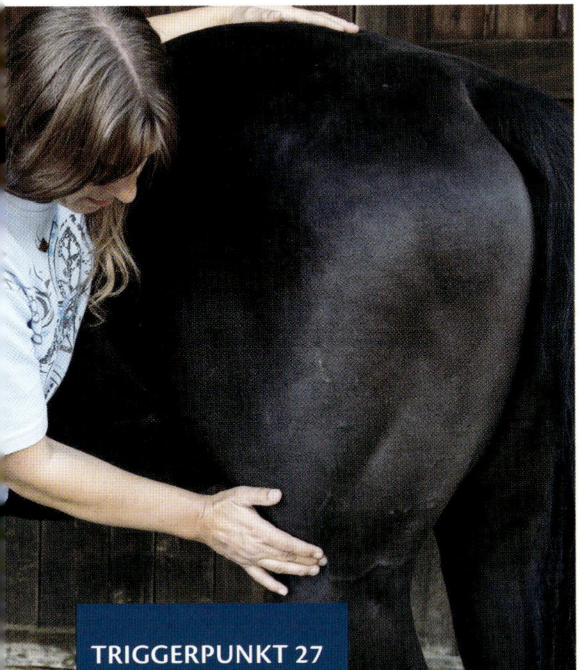

TRIGGERPUNKT 27

Am seitlichen Zehenbeuger, einem Anteil der tiefen Beugesehne, findet man den Triggerpunkt 27.

Präventionsmaßnahmen und Trainingshinweise: Ist es bereits zu einer Sehnenüberlastung gekommen, kann eine mehrmonatige Belastungspause notwendig sein. Die Länge der Ruhephase richtet sich nach der Schwere der Verletzung. Bewegung auf harten Böden belasten die Sehnen weniger als das Reiten auf weichem, tiefem Untergrund. Die Entspannung der Muskulatur mittels Triggerpunkttherapie, aber auch anderen Massagetechniken, ist selbstverständlich eine Grundvoraussetzung

2.3.28 TRIGGERPUNKT 28: M. gastrocnemius

Ursprung, Ansatz, Aufgabe: Der zweiköpfige Wadenmuskel (M. gastrocnemius) besteht – wie der Name schon sagt – aus zwei Köpfen, nämlich dem Caput laterale (seitlicher Kopf) und dem Caput mediale (mittlerer Kopf). Sie haben ihren Ursprung jeweils am Oberschenkelknochen und vereinigen sich zur gemeinsamen Sehne, die den Hauptsehnenstrang der Achillessehne darstellt und schließlich am Fersenbeinhöcker ansetzt. Der M. gastrocnemius ist ein Sprunggelenksstrecker und Kniegelenksbeuger.

Punktlokalisation: Man findet den Triggerpunkt des M. gastrocnemius am Übergang von den Muskelbäuchen zur Sehne etwa auf Höhe der Kniekehle, etwas seitlich im Verlauf des Caput laterale gelegen.

Symptome: Knieprobleme können den Triggerpunkt des M. gastrocnemius aktivieren. Zudem beeinträchtigt ein kontrakter Wadenmuskel die Knie- und Sprunggelenksmobilität. Die Pferde ermüden relativ schnell und beginnen bei längerem Stehen zu „schildern" (wechselseitige Entlastung der Hinterbeine in kurzem Intervall).

Etwa auf Höhe der Kniekehle gehen die Muskelfasern des M. gastrocnemius in sehniges Gewebe über. Hier ist der Triggerpunkt 28 lokalisiert.

TRIGGERPUNKT 28

Behandlungshinweise: (bitte Kap. 3 beachten!)

1. Vorsichtiger Fingerdruck bis zur Toleranzgrenze des Pferdes. Druck so lange aufrechterhalten, bis das Gewebe spürbar weicher wird.
2. Intensive Massage anhand von Querfriktionen im gesamten Muskel- und Sehnenverlauf nach Akzeptanz des Pferdes.
3. Passive Dehnung durch Auseinanderziehen der Muskelfasern mit den Handballen oder vorsichtiges Vorführen der Gliedmaße und Beugen des Sprunggelenks.

Präventionsmaßnahmen und Trainingshinweise: Solange die Entspannung des Muskels mithilfe der Triggerpunkttherapie nicht erreicht ist, sollte auf hohe Belastungen der Hinterhand verzichtet werden. Später kann mit gezielten Lektionen eine Stärkung des M. gastrocnemius erreicht werden. Hierzu eignen sich Stangentraining und versammelnde Übungen.

Auf der Innenseite des Hinterbeins verläuft der Adduktorenmuskel (M. gracilis), auf dessen Muskelbauch – etwa mittig der Gliedmaße –der Triggerpunkt 29 zu finden ist.

2.3.29 TRIGGERPUNKT 29: M. gracilis

Ursprung, Ansatz, Aufgabe: Der grazile Adduktorenmuskel (M. gracilis) ist beim Pferd eigentlich gar nicht so grazil. Vielmehr kommt die Bezeichnung aus der Humanmedizin, denn beim Menschen ist dies ein sehr feiner Muskel. Der Gracilismuskel beim Pferd ist ein breiter, flächiger und nach oben hin bauchig auslaufender Adduktorenmuskel des Pferdes, dessen Aufgabe es ist, die Gliedmaße zum Rumpf zu ziehen. Der Ursprung des Muskels liegt an der Schambeinfuge (Symphysis pelvina). Das mediale Kniescheibenband und der vordere Rand des Unterschenkels, knapp unterhalb des Knies, bilden den Muskelansatz.

Punktlokalisation: Der Triggerpunkt liegt in der Mitte des flächigen Muskels an der Innenseite der Gliedmaße, etwa auf Höhe des Knies. Hier gehen die Muskelfasern in sehniges Gewebe über, das sich sehr gut palpieren lässt.

Symptome: Ein kontrakter M. gracilis provoziert eine bodenenge Stellung. Die Pferde zeigen häufig Probleme beim Seitwärtstreten.

Behandlungshinweise: (bitte Kap. 3 beachten!)

1. Mäßiger Fingerdruck bis zur Toleranzgrenze des Pferdes. Druck so lange aufrechterhalten, bis das Gewebe spürbar weicher wird.
2. Massage durch Querfriktionen im gesamten Muskelverlauf nach Akzeptanz des Pferdes.
3. Passive Dehnung durch Auseinanderziehen der Muskelfasern mit den Handflächen.

Am Rippenanteil des äußeren schrägen Bauchmuskels (M. obliquus externus abdominis) liegt der Triggerpunkt 30 ziemlich exakt am Knorpelübergang der letzten Rippe. Viele Pferde sind hier sehr empfindlich. Bei einem aktiven Triggerpunkt 30 finden sich häufig viele sekundäre Triggerpunkte im umgebenden Bereich.

Präventionsmaßnahmen und Trainingshinweise: Auf Seitengänge muss vorerst verzichtet werden, bis die kontrakten Fasern des M. gracilis aufgelöst sind. Im Anschluss kann ein gezieltes Muskelaufbautraining mit kräftigenden Seitwärtsverschiebungen der Hinterhand in Angriff genommen werden.

2.3.30 TRIGGERPUNKT 30: M. obliquus externus abdominis (pars costalis)

Ursprung, Ansatz, Aufgabe: Der Rippenanteil des äußeren schrägen Bauchmuskels (M. obliquus externus abdominis, pars costalis) hat seinen Ursprung an der 4. bis 18. Rippe und setzt an der Linea alba (Bauchmittellinie) sowie an der Tendo praepubicus an.

Der M. obliquus externus abdominis ist ein Atemhilfsmuskel zur Unterstützung der Ausatmung und ist für die Seitwärtsbiegung des Rumpfes verantwortlich.

Punktlokalisation: Den Triggerpunkt des Rippenanteils des Muskels findet man am Knorpelübergang der letzten Rippe. Vorsicht: Bei einem aktiven Triggerpunkt können die Pferde bereits bei der Palpation sehr empfindlich reagieren.

Symptome: Immer wieder verschleimte Lungen können auf einen kontrakten M. obliquus externus abdominis hinweisen, der bei kontrakten Fasern dafür verantwortlich sein kann, dass die Ausatmung gehemmt ist. Zudem ist die Biegung des Rumpfes eingeschränkt, was den Reitern meist zuerst auffällt.

Behandlungshinweise:
(bitte Kap. 3 beachten!)
1. Vorsichtiger Fingerdruck bis zur Toleranzgrenze des Pferdes. Druck so lange aufrechterhalten, bis das Gewebe spürbar weicher wird.
2. Massage anhand von Querfriktionen nach Akzeptanz des Pferdes.
3. Aktive Dehnung durch Möhrenübung: Das Leckerli wird am gegenüberliegenden Hüfthöcker angeboten.

Präventionsmaßnahmen und Trainingshinweise: Nach Auflösung des Triggerpunkts sollte das Pferd in Wendungen, Volten und Zirkeln geritten werden, um den Muskel zu dehnen und zu stärken. Dabei ist es wichtig, frühzeitig und häufig die Hand zu wechseln.

VORGEHEN BEI DER TRIGGERPUNKT-BEHANDLUNG

3.1 Befundung

Vor jeder Behandlung steht obligatorisch die Befundung und Diagnostik. Diese muss stets nach einem bestimmten Schema ablaufen, damit keine Fakten übersehen werden und daraus Behandlungsfehler entstehen.

Grundsätzlich beginnt die Befundung immer mit der Anamnese. Diese beinhaltet die Datenaufnahme von Pferdebesitzer und Pferd sowie die Befragung über alle früheren, bekannten Erkrankungen und Verletzungen sowie der aktuellen Symptome und Beschwerden. Jedes kleine Detail kann hilfreich sein, dem Übel auf die Spur zu kommen. Es reicht eben nicht aus, die gefundenen Triggerpunkte zu behandeln, da sie sich sehr schnell wieder bilden, wenn krankheitsauslösende Faktoren nicht behandelt beziehungsweise abgestellt werden.

Nach dem Anamnesegespräch erfolgt die Begutachtung des Pferdes (Adspektion) im Stand und in der Bewegung (Ganganalyse). Sämtliche Auffälligkeiten wie Narben, Verletzungen, Verquellungen, veränderte Fellstrukturen, Schonhaltungen, Fehlstellungen, Muskelasymmetrien, Atrophien sowie Hufzustand, -qualität und -form werden notiert.

In der Ganganalyse sollte das Pferd im Schritt und Trab vorgeführt und von hinten, der Seite und von vorn begutachtet werden. Man achte dabei auf Taktreinheit, Ausweichbewegungen, Schonhaltungen, das Auffußungsverhalten, Kopf- und Schweifhaltungen sowie die Qualität des Bewegungsablaufs.

Geschulte Blicke können jetzt schon eine Tendenz feststellen, wo die Problematik im Körper des Pferdes liegen könnte. Gibt es Unklarheiten, kann die Bewegungsanalyse mit Longieren, Rückwärtsrichten, Führen über Hindernisse oder engen Wendungen erweitert werden. Nun folgt die Palpation – das Abscannen des Pferdekörpers – auf Wärme, Schwellungen, Verletzungen und anderweitige Anomalien. Hier ergeben sich weitere Informationen für eventuelle Kontraindikationen (siehe Kap. 3.1.1) einer Triggerpunkttherapie.

Bei der Ganganalyse begutachtet man das Pferd von vorn, von hinten und von der Seite im Schritt und Trab. Man achtet insbesondere auf Taktreinheit, Schonhaltungen und Ausweichbewegungen.

Im nächsten Schritt nimmt man gezielt die Muskulatur unter die Lupe. Jetzt werden speziell die einzelnen Muskeln gescreent und nach myofaszialen Triggerpunkten gesucht (siehe Kap. 3.1.2). Um den Ursachen von Triggerpunkten auf die Spur zu kommen, können weitere Untersuchungen durch einen Tierarzt oder gut geschulten Therapeuten (zum Beispiel einem Osteopathen) erforderlich sein.

MERKE

Die Befundung und Therapie eines Pferdes erfolgt stets nach einem festgelegten Schema: Anamnese – Adspektion – Ganganalyse – Palpation – Testgriffe – Behandlung – Präventionsmaßnahmen.

3.1.1 Kontraindikationen der Triggerpunkttherapie

In gewissen Situationen ist eine Triggerpunkttherapie kontraindiziert. Ein Behandlungsverbot ergibt sich beispielsweise aufgrund anderweitig bestehender Erkrankungen und Verletzungen. In erster Linie muss beachtet werden, dass bei schmerzhaften Verletzungen wie Hämatomen, Frakturen oder akuten Sehnenüberdehnungen zunächst keine Triggerpunkttherapie durchgeführt werden kann. Auch Fieber, Tumorerkrankungen sowie Hautschädigungen wie Hautpilz sind Gründe, die eine Triggerpunktbehandlung verbieten. Jeglicher Zustand, der durch eine Behandlung verschlechtert werden könnte oder dem Pferd Unwohlsein bereiten würde, ist ein Anlass, die Triggerpunkttherapie nicht durchzuführen.

3.1.2 Auffinden der reaktiven Punkte

Einen Stresspunkt zu behandeln, setzt die Identifikation des Triggerpunkts voraus. Um einen Triggerpunkt zu lokalisieren, ist ein gewisses Vorgehensmuster sinnvoll. Zudem müssen bestimmte Reaktionen des Pferdes interpretiert werden können, um letztendlich einen Triggerpunkt zu diagnostizieren.

Das Vorgehen, einen Triggerpunkt aufzufinden, läuft nach folgendem Schema ab:

- Auffälligkeiten in der globalen Untersuchung erkennen (Adspektion, Palpation, Ganganalyse etc.)
- Ertasten der Muskulatur
- Auffinden eines Muskelhartspannstranges unter moderatem Druck
- Suchen nach der schmerzhaftesten Stelle im Hartspannstrang
- Vorsichtige Querreibungen über den Muskelfasern
- Identifikation des Triggerpunkts aufgrund des Tastbefundes und der Reaktionen des Pferdes (Schmerzhaftigkeit, local twitch response, gegebenenfalls Anzeichen eines referred pain)

Während in der Humantherapie ein wichtiges Diagnosekriterium der ausstrahlende Schmerz darstellt, ist dieser beim Pferd nicht oder nur sehr unzureichend erfassbar. Aus diesem Grund ist die Muskelzuckungsantwort das Hauptkriterium, um einen Triggerpunkt zu identifizieren. Dennoch zählen weitere, folgende Faktoren zu den wichtigen Diagnosekriterien:

- Muskelhartspannstrang mit fühlbarem Knoten oder einer Vertiefung
- Schmerzhaftigkeit auf Druck
- Lokale Muskelzuckungsantwort (local twitch response)
- Eingeschränkte Dehnfähigkeit des Muskels
- Gegebenenfalls Kontraktionsschmerz des Muskels
- Muskelschwäche

- Übertragungsschmerz (referred pain) – beim Pferd nur eingeschränkt identifizierbar!
- Vegetative Symptome (zum Beispiel Unruhe, Temperaturunterschiede auf der Haut beziehungsweise dem Fell, Schwitzen, Anstieg der Herzfrequenz)

MERKE

Wichtigstes Diagnosekriterium für einen myofaszialen Triggerpunkt ist beim Pferd die Muskelzuckungsantwort (local twitch response).

3.2 Behandlung

Eine umfassende Triggerpunktbehandlung besteht nicht nur aus der direkten Therapie, sondern beinhaltet auch die präventiven Maßnahmen (Kap. 4.1), damit die Triggerpunkte nicht wieder reaktiviert werden. Keine Therapie kann nachhaltig greifen, wenn die krankheitsauslösenden Faktoren nicht eliminiert werden.

Damit möglichst keine Rezidive auftreten, ist die Behandlung des primären Triggerpunkts von entscheidender Bedeutung. Es nützt nichts, wenn nur die Satelliten- und sekundären Triggerpunkte aufgelöst werden, der primäre Triggerpunkt wird umgehend neue sekundäre Triggerpunkte bilden.

Es gibt neben der manuellen Technik verschiedene Ansätze, Triggerpunkte aufzulösen. So kommen insbesondere invasive und apparative Methoden zum Einsatz. Zu den physikalischen Verfahren zählen beispielsweise Elektro-, Laser- oder Ultraschalltherapie, aber auch Wärme- und Kältetherapie. Die Infiltration von Lokalanästhetika ist ein invasives Verfahren, andere Stichtechniken wie Akupunktur oder das Dry needling (Nadeln von Triggerpunkten) sind weitere Methoden, die auch gut mit den manuellen Techniken kombiniert werden können.

Das manuelle Therapiekonzept ist jedoch am meisten verbreitet, einfach umzusetzen und absolut effektiv. Die Voraussetzung für dessen Wirksamkeit ist jedoch, die vorgegebenen Behandlungsschritte exakt zu befolgen. Zwar kann es innerhalb der einzelnen Behandlungspunkte gewisse Abweichungen geben, wenn es die aktuelle Beschaffenheit des Gewebes erfordert, dennoch darf kein Schritt übersprungen oder weggelassen werden. Eine nur halbherzig durchgeführte Therapie funktioniert entweder gar nicht oder nur zum Teil. In aller Regel werden die Triggerpunkte innerhalb kurzer Zeit wieder reaktiviert.

Das Behandlungskonzept für Triggerpunkte sieht folgende Schritte vor:

1. Kompression des myofaszialen Triggerpunkts.
2. Querfriktion oder gegebenenfalls alternativer Massagegriff inklusive Faszienbehandlung am aktiven Triggerpunkt.
3. Dehnungstechniken des betroffenen Muskels und seiner Faszien.
4. Gezielte Trainingsstrategien zur Muskelentspannung und anschließenden Kräftigung.
5. Kontrolle der Behandlung und Präventionsmaßnahmen.

3.2.1 Direkter Druck

Nach Identifikation eines primären Triggerpunkts, der unter mäßigem Druck erfolgt ist, wird nun eine starke Kompression auf den Triggerpunkt gegeben. Der Druck sollte so stark sein, dass ihn das Pferd gerade noch toleriert. Die Kunst dabei ist, die Toleranzgrenze des Pferdes nicht zu überschreiten, allerdings muss man an diese so nah wie möglich herangehen, um eine effektive Wirkung zu erzielen.

Das Pferd zeigt seine körperliche Grenze deutlich an. Es kann etwas unruhig werden, Abwehrverhalten andeuten oder auch nur den Kopf heben. Tritt eine derartige Reaktion ein, hält man den Druck gleichmäßig aufrecht. Innerhalb von Sekunden wird das Schmerzempfinden deutlich nachlassen, sodass das Pferd sich bald beruhigt und sichtlich entspannt. Man spürt die Gewebeentspannung sogar schon kurz vor der sichtbaren Reaktion des Pferdes.

Überschreitet man jedoch die Toleranzgrenze des Pferdes, was bedeutet, dass der Schmerz für das Pferd unerträglich ist, muss man nicht nur mit vehementen Abwehrreaktionen rechnen, die mitunter für den Behandler gefährlich werden können (Schlagen, Treten, Beißen), sondern auch mit unliebsamen Spätreaktionen. Aufgrund der schlechten Erfahrung besteht die Möglichkeit, dass sich das Pferd nicht mehr behandeln lassen will.

Der Druck auf den Triggerpunkt muss so stark sein, dass das Pferd den Schmerz gerade noch toleriert. Auf keinen Fall darf man jedoch die Toleranzgrenze des Pferdes überschreiten.

Es darf nicht der Fehler gemacht werden, dass man den Druck erhöht, sobald der Schmerz nachgelassen hat. Vielmehr bleibt man mit derselben Druckstärke auf dem Triggerpunkt, bis eine Entspannung eingetreten ist.

Die häufig auftretenden Muskelzuckungen verschwinden, sobald der Triggerpunkt durch den Fingerdruck außer Kraft gesetzt wird. Nun hält man den Druck allerdings noch ein paar Sekunden aufrecht – diese sind für das Pferd bereits schmerzfrei! – und beendet ihn anschließend langsam.

Bei diesem Behandlungsschritt kommt es durch den Druck zu einer Minderdurchblutung des Gewebes mit einer anschließend reflektorischen Mehrdurchblutung (beim Lösen des Drucks). Auf diese Weise wird der Stoffwechsel angeregt und zugleich der Muskelhartspann reflektorisch detonisiert.

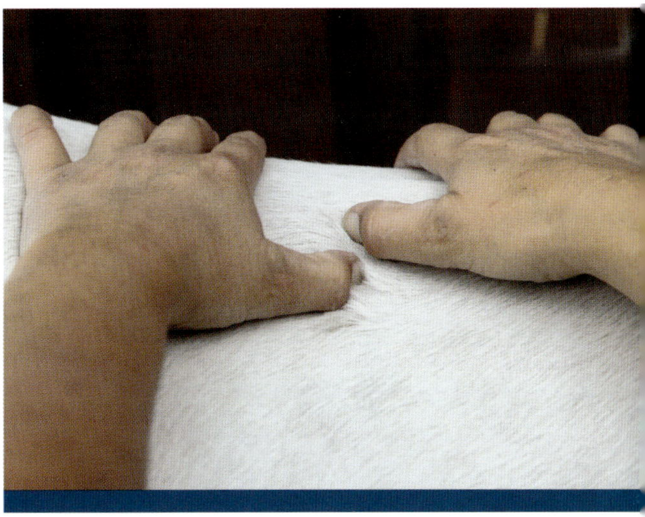

Die Querfriktion – eine intensive Tiefenmassage quer zur Muskelfaser – ist der bevorzugte Massagegriff, um den Triggerpunkt auszumassieren.

3.2.2 Massagetechniken

Hat man nun den Druck gelöst, folgen verschiedene Massagetechniken direkt am Triggerpunkt. Bevorzugt werden Querfriktionen, also Reibungen quer zur Muskelfaser. Eine Querfriktion kann mit dem Daumen, bei großen Muskeln aber auch mit dem Ellbogen erfolgen. Weil ein Triggerpunkt jedoch in der Regel nur ein winziger Punkt ist, reicht für die Friktion meist ein Finger aus. Es schadet jedoch nicht, den gesamten Muskelstrang gründlich mit Friktionen zu bearbeiten. Die Querfriktion ist eine Tiefenmassage aus der Sporttherapie und hat eine intensive Wirkung.

Der Druck während der Massage richtet sich wiederum nach der Toleranz des Pferdes. Er darf nicht zu stark sein, sodass reflektorische Muskelkontraktionen ausgelöst werden. Bei empfindlichen Pferden und bei Muskeln, die sich für Querfriktionen nicht eignen, können auch andere Massagegriffe zum Einsatz kommen. Möglich sind Kompressionen, Drückungen oder Knetungen. Die korrekten Massagetechniken bedürfen meist etwas Übung, um die Entspannung zu unterstützen. Werden bei der Massage Fehler gemacht, bildet sich der Triggerpunkt schnell wieder. Häufige Fehlerquellen sind ein nicht angepasster Massagedruck, falsche Technik oder eine zu hohe Massagegeschwindigkeit.

Mit klassischen Massagetechniken erreicht man eine bessere Durchblutungssituation der Muskelfasern und damit eine optimierte Stoffwechselfunktion. Muskuläre Verkürzungen werden eliminiert und Faszienverklebungen gelöst.

3.2.3 Dehnungstechniken

Nun erfolgt einer der wichtigsten Behandlungsschritte in der Triggerpunkttherapie. Sind alle primären Triggerpunkte in einem Muskel mittels Kompression und Massagetechniken vorbehandelt, erfolgt die Dehnung des Muskels.

MERKE

Die Dehnung des Muskels ist einer der wichtigsten Behandlungsschritte in der Triggerpunkttherapie.

Hier unterscheidet man zwischen einer aktiven und passiven Dehnung. Beide Dehnungsarten haben Vor- und Nachteile. Bei der passiven Dehnung existiert ein deutlich höheres Verletzungsrisiko durch eine Überdehnung des Muskels. Weil das Pferd den Muskel vollkommen entspannen muss, kann der Behandler eine zu große Spannung auf den Muskel geben, die letztendlich Muskelzerrungen oder gar Muskelfaserrisse zur Folge haben könnten. Selbstverständlich erfolgt daraufhin eine Schmerzreaktion und die reflektorische Muskelanspannung: Genau das Gegenteil, was man allerdings erreichen will.

Die passive Dehnung erfordert außerdem ein präzises Wissen über die Dehnrichtung des Muskels. Dies setzt ein umfassendes anatomisches und physiologisches Wissen um die Gelenk-

Passive Dehnungen, bei denen der Mensch die Dehnung ausführt, sollten erfahrenen Therapeuten überlassen werden, weil diese Methode bei unsachgemäßer Ausführung keine unerhebliche Verletzungsgefahr für das Pferd darstellt.

formen und deren Funktionalität, sprich Bewegungsumfang und -richtung, voraus. Zudem ist es ebenfalls notwendig, die Funktionen, den Ursprung, Ansatz und Verlauf eines jeden Muskels zu kennen. Nicht zuletzt sollte der Behandler ein sehr gutes Gespür mitbringen, um gefühlvoll an die Dehngrenzen herangehen zu können.

Aktive Dehnungen in Form einer „Karottenübung" reichen allemal aus, um den Muskel im Rahmen der Triggerpunkttherapie zu dehnen. Mit der seitlichen Halsbiegung werden beispielsweise der M. brachiocephalicus, der M. splenius capitis und der M. obliquus capitis gedehnt.

Weil man das Risiko von Verletzungen so gering wie möglich halten möchte, kann der Pferdebesitzer auch auf aktive Dehnungen („Karottenübungen") ausweichen. Hierbei dehnt sich das Pferd selbst, indem es die antagonistische Muskulatur anspannt. Eine Überdehnung kann nicht stattfinden, da das Pferd die Bewegung selbst initiiert und sich deshalb vor einer Überdehnung schützen kann. Der Dehneffekt ist zwar nicht ganz so intensiv, reicht aber für die Triggerpunkttherapie aus.

Bei der Dehnung kommt zuerst der Hartspannstrang unter Spannung, und diesen gilt es zu lösen. Es geht nicht darum, den gesamten Muskel zu verlängern. Aus diesem Grund reicht eine moderate, passive oder eben auch die aktive Dehnung aus.

Die Dehnung sollte im Idealfall etwa 30 Sekunden aufrechterhalten werden. Dies ist nicht immer möglich und bei einer aktiven Dehnung sowieso kaum. Man nimmt deshalb quasi, „was man vom Pferd kriegen kann". Es geht schließlich darum, lediglich den Hartspannstrang zu lösen (und nicht den ganzen Muskel zu dehnen), denn dieser Strang stellt die Basis für die Entstehung von Triggerpunkten dar.

Die Dehnung kann relativ moderat sein, ist aber der wichtigste Bestandteil, um rezidivierende Triggerpunkte zu vermeiden.

Eine aktive Dehnung initiiert man mit einem Leckerbissen, mit dem man den Kopf des Pferdes in die Dehnrichtung lockt. Füttert man das Leckerli nicht sofort, kann man die Dehnung etwas länger aufrechterhalten. Bei Muskeln, die für diese Methode nicht geeignet sind (beispielsweise der M. gastrocnemius), kann man die Muskelfasern mit den Handflächen aktiv auseinanderziehen und 30 Sekunden lang halten. Dieser Effekt ist gering, reicht aber aus, wenn man gezielt auf den Hartspannstrang einwirkt.

3.2.4 Trainingsmethoden und Kontrolle

„Vertriggerte" Pferde zu trainieren, macht keinen Sinn. Ein verspannter Muskel ist nicht in der Lage, seine volle Leistung zu erbringen. Infolgedessen wird sich dieser Muskel auch nicht stärken lassen.

Das Training kann deshalb erst beginnen, wenn die Muskulatur locker und die Triggerpunkte gelöst sind. Der Behandler muss sicherstellen, dass auch der Hartspannstrang entspannt ist, um Rezidive zu vermeiden. Ein kontrakter Muskel ist immer schwach und benötigt nach dessen Behandlung ein gezieltes Aufbautraining.

MERKE

Nur ein lockerer, entspannter Muskel kann gestärkt werden, deshalb sind mit Triggerpunkten durchsetzte Muskeln automatisch auch immer schwach.

Das Training darf den (noch schwachen) Muskel nicht überfordern, da ansonsten wiederholte Verspannungen provoziert werden. Das bedeutet, dass der Reiter die Belastung des Muskels einerseits anpassen, andererseits aber durch ein sachgemäßes Training dafür sorgen muss, dass die Belastbarkeit des Muskels steigt. Bei einer Überforderung wird der Muskel wieder kontrakt, also ist mäßiges Training mit genügend langen Entlastungsphasen die beste Möglichkeit, den Muskel zu stärken und somit die Belastbarkeit zu erhöhen.

Bestimmte Muskelgruppen sind bei Pferden, die in speziellen Disziplinen eingesetzt werden, stärker gefährdet, überlastet zu werden. Auf diese Muskeln sollte man ein besonderes Augenmerk richten.

Für alle gerittenen Pferde gilt ein wichtiger Grundsatz, um Muskelprobleme zu vermeiden: Genügend lange aufwärmen und ebenso lange abwärmen. Auch das Abwärmen des Pferdes ist ein wichtiger Trainingsbestandteil, um Verspannungen zu vermeiden. Eine Faustregel besagt, dass die Aufwärmphase aus mindestens 15 Minuten Schritt, anschließend 10 Minuten Trab und 5 Minuten Galopp bestehen sollte. Dann folgt die Arbeitsphase, die sich nach der jeweiligen Disziplin richtet, und wiederum eine 30-minütige Abwärmphase, die mit lockerem „Auslaufen" in allen Gangarten bestückt ist, die letzten 15 Minuten allerdings wiederum nur im Schritt erfolgen soll.

Während der Arbeitsphase können verschiedene Lektionen speziell für die geschwächte Muskulatur absolviert werden, wobei daran zu denken ist, dass vor Ermüdung des Muskels pausiert werden muss, um keine Überlastung zu provozieren. Geeignete Trainingstipps für die einzelnen Muskeln sind im Triggerpunktkatalog (Kap. 2.3) integriert.

Für den Muskelaufbau eignet sich am besten ein Kraft- und Schnellkrafttraining. Aus diesem Grund bringen ein Training mit Stangen und Cavaletti sowie das Reiten von Steigungen die besten Trainingserfolge. Das Training erfordert – je nach Aufbau der Lektionen – insbesondere Kraft und Schnellkraft. Die Anforderungen können somit schnell dazu führen, dass der Körper in den anaeroben Trainingsbereich wechselt, womit klar ist, dass ein Intervalltraining mit genügend Verschnaufpausen zwischen den Trainingseinheiten ein wichtiger Faktor für ein erfolgreiches Training ist.

Nicht vergessen werden darf die regelmäßige Kontrolle des Muskelzustands. Es empfiehlt sich deshalb ein etwa vierwöchiger Muskelcheck der Triggerpunkte, um deren Entstehung durch eine adäquate Behandlung im Keim zu ersticken beziehungsweise die Ausweitung mit zusätzlichen primären und sekundären Triggerpunkten zu verhindern.

Das Stangentraining fordert vom Pferd viel Krafteinsatz und stärkt somit die Muskulatur. Ein Muskelaufbau kann aber nur stattfinden, wenn die Muskeln locker sind, deshalb ist es wichtig, die Triggerpunkttherapie vor dem Training durchzuführen.

PRÄVENTION

4.1 Aufrechterhaltende Faktoren von Triggerpunkten

Nicht nur ein adäquates Training trägt dazu bei, dass Triggerpunkte in Schach gehalten werden und somit die Muskulatur leistungsfähig bleibt. Ein großes Augenmerk muss man auf die Triggerpunkt auslösenden und aufrechterhaltenden Faktoren richten, damit Rückfälle vermieden werden.

Es ist nicht immer einfach, die Ursachen für Stresspunkte zu finden. Aus diesem Grund sollte

Haltungsstress kann vermieden werden, indem verträgliche Pferde in einer Gruppe auf genügend großem Areal leben können.

man alle möglichen Auslösemechanismen checken. Es können Kleinigkeiten sein, die dem Pferd Unwohlsein bereiten und Triggerpunkte begünstigen. Deshalb muss der Pferdebesitzer akribisch vorgehen und jede Eventualität abklären.

MERKE

Jegliche Formen von Stressoren können Triggerpunkte auslösen oder diese aufrechterhalten.

4.1.1 Gesundheits-, Haltungs- und Fütterungsaspekte

Ein sicherer Auslöser von Triggerpunkten ist Stress. Stress kann aber sehr unterschiedliche Facetten haben, in jedem Fall stellt er sowohl körperlich als auch psychisch eine Überforderung für das Pferd dar. So kann der Stressfaktor in einer falschen Fütterung, nicht artgerechten Haltungsbedingungen, unsachgemäßem Training, Turniereinsätzen oder anderen ungünstigen Einflüssen begründet sein.

Sehr häufig findet man unpassende Haltungsbedingungen vor. Boxenhaltung trennt das Herdentier Pferd von seinen Artgenossen. Dadurch sind Sozialkontakte kaum möglich und das Bewegungsbedürfnis des Lauftiers wird nicht erfüllt. Je länger ein Pferd in einer Box ausharren muss, desto größer ist der Stresslevel. Während die meisten Pferdebesitzer demzufolge die Boxenhaltung noch eher als Auslöser vermuten würden, kann aber sogar eine vermeintlich artgerechte Offenstallhaltung zum Problem werden.

Eine unpassende Herdenzusammenstellung kann das einzelne Tier unter starken Stress setzen. Probleme machen hier meistens zu viele Pferde auf zu engem Raum oder sich aggressiv verhaltende Tiere.

Eine gemeinsame Fütterung führt zu Futterneid und kann Aggressionen schüren. Des Weiteren kann eine ungünstige Herdenkonstellation oft zwar nur unterschwelligen, dafür dauerhaften Stress verursachen. Auch unter den Pferden gibt es Mobbing: Manche Pferde werden ständig verbissen und aus der Herde ausgeschlossen. Das muss dem Pferdebesitzer aber nicht gleich auffallen, denn es ist beileibe nicht immer das rangniedrigste Tier, das von der Herde gemobbt wird.

Die nächste Problematik zeigt sich im Fütterungsmanagement. Während sich das wild lebende Pferd etwa 16 Stunden pro Tag mit der Nahrungsaufnahme beschäftigt, verschlingt das Boxenpferd seine Tagesration in zwei Portionen, aufgeteilt in jeweils ein bis zwei Stunden. Weil sich das Pferd sein Futter nicht mehr zusammensuchen und aussortieren muss, was eine Wanderstrecke von bis zu 30 Kilometern täglich erforderlich macht, sondern in einem großen Haufen vorgelegt bekommt, verkürzt sich die Fresszeit sowie das Bewegungspensum erheblich. Die Folge ist einerseits die sich breitmachende Langeweile in den Fresspausen, andererseits belastet konzentriertes Futter (insbesondere Kraftfutter) den Organismus und löst wiederum Stress aus.

Unnatürliche Körperhaltungen zwingen das Pferd ebenfalls zu nicht artgerechten Bewegungsmustern. Das hoffentlich längst der Vergangenheit angehörige Füttern aus hoch angesetzten Heuraufen ist ein typisches Beispiel dafür.

Jegliche Form von Schmerzen ist ebenfalls ein starker Stressfaktor und löst immer reflektorische Muskelanspannungen aus. Chronische Schmerzen stehen stets mit Triggerpunkten in Verbindung. Dabei müssen die Schmerzen nicht im Bewegungsapparat manifestiert sein, es kann jegliches andere System hierfür ursächlich sein. Insbesondere stehen die inneren Organe in Verdacht, aber auch Kopf- oder Nervenschmerzen können Auslöser von Triggerpunkten sein.

4.1.2 Ausrüstung und Reittechnik

Ein weiterer Triggerpunkt aufrechterhaltender Aspekt ist der Trainingsstress, dem die Pferde ausgesetzt sind. Darunter versteht man allerdings nicht nur, dass die Pferde körperlich an ihre Leistungsgrenze gebracht werden, sondern auch Situationen, die ein Pferd ängstigen, psychisch überfordern oder ihm Schmerzen bereiten. Konkrete Beispiele für Stresssituationen im Training sind:

- Unpassender Sattel, der in den Muskel drückt, dabei dauerhafte und nicht unerhebliche Schmerzen und damit Triggerpunkte verursacht.
- Grundsätzlich nicht passende Ausrüstung, wozu auch Reit- und Stallhalfter, Gebisse, Sattel- und Deckengurt, Gamaschen oder Bandagen zählen.
- Übungsaufgaben, die das Pferd körperlich nicht ausführen kann oder nicht versteht.
- Schmerzen durch Sporenstiche, Gertenhiebe, Zügelzug oder ein schiefer Sitz des unausbalancierten Reiters.
- Unsicherheit und Angst bei bedrohlichen Situationen wie vorbeifahrenden Fahrzeugen oder anderen lauten Geräuschen.

Die Aufzählung ist keineswegs vollständig und der Stresslevel hängt natürlich auch von verschiedenen Voraussetzungen ab. Hier spielen unter anderem die Erfahrungen des Pferdes eine sehr große Rolle. Ist ein Pferd an einen vorbeifahrenden Mähdrescher gewöhnt, ist der Stress signifikant geringer als bei einem Pferd, dem dieses Fahrzeug zum ersten Mal begegnet.

Eine Triggerpunkttherapie kann nur dann nachhaltig erfolgreich sein, wenn die auslösenden Faktoren, die zur Entstehung von Triggerpunkten beitragen, eliminiert werden.

4.2 Muskelpflege und Gesundheitschecks

Standardmäßige Gesundheitschecks sind mittlerweile gang und gäbe. Diese haben durchaus ihren Sinn, da Beschwerden frühzeitig erkannt und behandelt werden können. Wie die regelmäßigen Impfungen, Wurmkuren und Hufbeschlagstermine gehören mittlerweile auch standardmäßige, jährliche Zahnkontrollen zur gesundheitspflegerischen Routine. Die zyklische Muskelpflege hingegen ist vielen Pferdebesitzern leider immer noch ein Fremdwort. Sie gehört aber ebenfalls generell zu den routinemäßigen Gesundheitskontrollen.

MERKE

Routinemäßige Muskelchecks gehören ebenso zur Gesundheitspflege des Pferdes wie regelmäßige Zahnkontrollen, Impfungen, Wurmkuren und Hufbeschlagstermine.

Für den Check der Muskulatur eignet sich die Triggerpunkttherapie hervorragend, weil innerhalb kurzer Zeit das gesamte Pferd schnell abgescannt werden kann, um einen groben Muskelstatus zu erhalten.

Bei gesunden Pferden sollte eine Kontrolle des muskulären Zustands mindestens zweimal jährlich erfolgen. Gut strukturierte Pferdephysiotherapeuten und Massagespezialisten, aber auch Osteopathen checken und behandeln die Muskulatur während einer Sitzung standardmäßig.

Weil sich viele Erkrankungen und Stressfaktoren in der Muskulatur widerspiegeln, ist der Zustand des aktiven Bewegungsapparats auch ein Indikator für das Wohlbefinden und den allgemeinen Gesundheitszustand des Pferdes. Somit dient die Muskulatur in gewissen Fällen und im weitesten Sinne auch als diagnostisches Mittel. Es muss klar sein, dass ein Pferd, dessen Muskulatur verspannt und mit Triggerpunkten durchsetzt ist, nicht gesund ist. Es ist durchaus möglich, über die Behandlung der Muskulatur eine positive Rückkopplung auf die ursächlichen Auslöser zu erzeugen, eine Heilung aller gesundheitlichen Probleme wäre selbstverständlich jedoch viel zu hoch gegriffen. Die Muskelbehandlung kann aber zur Linderung von Schmerzen und anderweitigen Auswirkungen von Krankheiten beitragen und somit die Heilung unterstützen.

Unpassende Sättel sind typische Triggerpunkt aufrechterhaltende Faktoren. Triggerpunkte im Trapez- und Rückenmuskel sowie Atrophien dieser Muskelgruppen sollten den Reiter dazu veranlassen, die Passform des Sattels zu überprüfen.

1
2
3
4
5
6
7
8
9
10
11
12
13
14
15
16

Übersicht der 30 Triggerpunkte und -areale

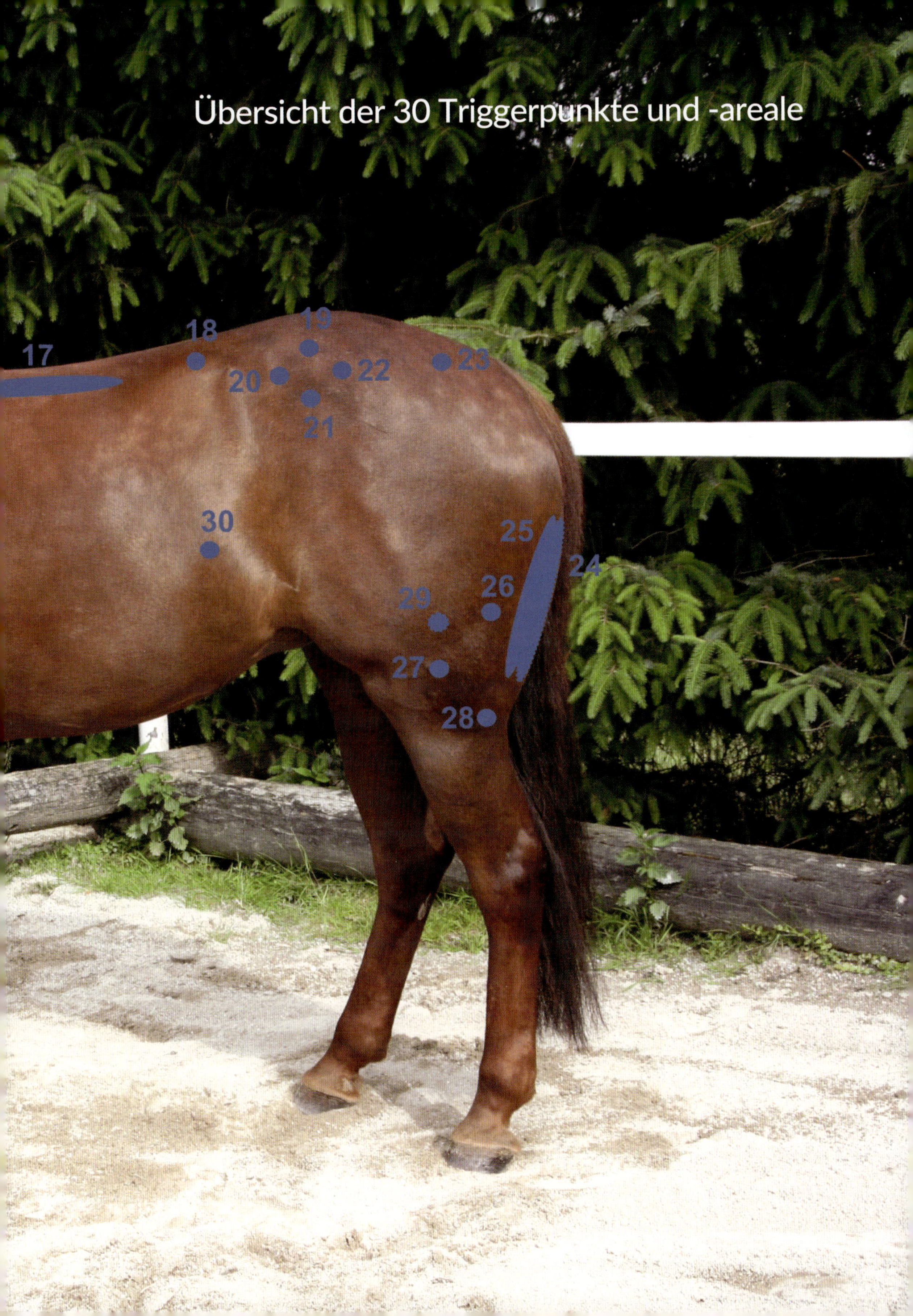